수학은 어떻게 무기가 되는가

세상 모든 것을 숫자로 바라볼 수 있게 해준다

수학은 어떻게 무기가 되는가

문과 바보는 세상의 숫자를 무시하고 있다는 걸 모른다

Useful
MATHEMATICS
in real-world

다카하시 요이치 지음

김정환 옮김

센시오

바보야,
세상을 움직이는 건 숫자야

이 세상을 움직이는 것은 '숫자'다. 매일 텔레비전에서 흘러나오는 뉴스나 신문 기사를 봐도 알 수 있다. 경제 이야기든, 임금 이야기든, 세금 이야기든, 인구 이야기든, IT 이야기든 전부 숫자가 기본이 된다.

하지만 이른바 '문과형'이라고 불리는 사람들은 숫자로 세상을 읽는 수학적 사고가 부족한 경우가 많다. 심지어 숫자라면 거부 반응을 일으키는 사람들도 있다. 그런 까닭에 그들의 이야기는 분명한 사실에 근거하지 않고 붕 떠 있으며, 미래나 전망을 이야기할 때도 정확한 근거 없이 막연히 좋을 것 같다거나 나쁠 것

같다는 말만 되풀이하곤 한다.

그렇다면 당신은 어떤가? 지금 자신의 자산이 얼마이고, 부채가 얼마이며, 순자산은 얼마나 되는지 대답할 수 있는가? 이 질문에 즉시 대답할 수 없다는 건 자신의 재무 상태를 숫자로 명확히 파악하고 있지 않다는 의미다. 그리고 그 말은 자신의 잠재력이나 자기 앞에 놓인 위험을 제대로 파악하고 있지 않다는 것과 같다. 이래서는 아무리 '나의 가능성' 같은 멋진 말을 한들 설득력이 없다.

주변을 돌아보자. 실생활과 관련된 많은 부분에 수학이 자리잡고 있다. 통장 잔고, 월급 상승률, 대출금리, 청약 당첨 확률, 경제 성장률 등 모든 것이 수학이다. 그래서 수학을 모르면 세상이 돌아가는 방식과 원리를 이해하지 못한다. 그럼에도 수학을 싫어하거나 수학에 자신이 없다는 사람이 많은 이유는 뭘까? 아마도 수학을 학교에서 배운 어렵고 이해하기 힘든 공식과 연결시키기 때문일 것이다. 하지만 우리에게 정말 필요한 수학은 그런 것이 아니다.

우리가 알아야 할 수학은 돈의 흐름을 알려주고, 복잡한 세상도 단순하게 만들며, 시장이 움직이는 원리뿐 아니라 미래를 예측하게 하는 간단한 숫자들이다.

그렇게 단순한 수학만 이해하면 되기에, 문과 바보라도 수학적 사고에 익숙해진다면 세상을 바라보는 시선이 달라질 수 있다. 정치, 경제 뉴스를 볼 때 가짜 정보에 현혹되지 않게 된다. 예금을 해야 할지, 투자를 해야 할지 정확한 근거를 가지고 판단할 수도 있다. 투자를 선택했을 때도 왜 이 기업에 돈을 투자하는지 명확한 근거를 갖고 자신감 있게 투자할 수 있다.

수학을 인생의 무기로 가진 사람은 정확하지 않은 뉴스나 가짜 뉴스를 구별해내고 그 속에 숨겨진 진실을 파악한다. 비즈니스의 라이벌과 압도적인 차이를 낼 수도 있으며, 나의 소중한 자산을 지킬 수도 있다.

이 책은 수학의 기초 중의 기초인 아주 간단한 숫자만으로, 내가 살아가면서 가장 빈번하게 사용되는 분야에 수학이 어떻게 사용되는지 설명했다. 차근차근 읽어나가다 보면 이 세상을 움직이고 있는 것이 정말 놀랍게도 숫자이고, 수량적으로 생각한다는 것이 얼마나 편하고 유용한지 알 수 있을 것이다.

학교, 직장에서 상대를 설득해야 할 때
내 재산이 얼마이고 부채가 얼마인지 파악해야 할 때
경제 흐름을 읽고 저축할지, 투자할지 선택해야 할 때

그리고, 불확실한 미래를 예측하고 인생 계획을 세워야 할 때 수학적 사고를 가지면 인생의 무기를 얻는 것과 같다.

지금 당장 자신의 주변에 대해서 '수학적 사고'를 시험해보자. 보험 가입이나 자동차 할부 구입, 주택 대출 등 먼저 자기 주변의 숫자를 검토하는 것부터 시작할 수 있다. 수학적 사고가 필요한 상황은 이미 당신의 앞에 와 있다. 수학이 삶에서 어떻게 무기가 되는지 깨닫길 바란다.

차례

제4장   **내 미래는 점쟁이가 아니라 수학에게 찾아라**

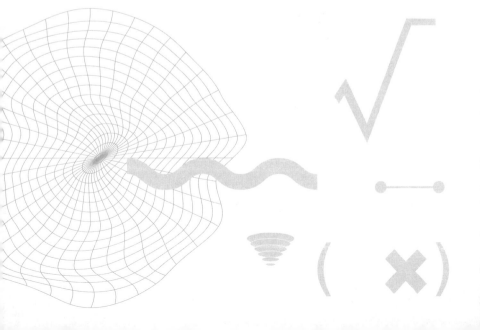

제5장 · **문과 바보는 수학적 사고로 세상을 보는 수준이 달라졌다**

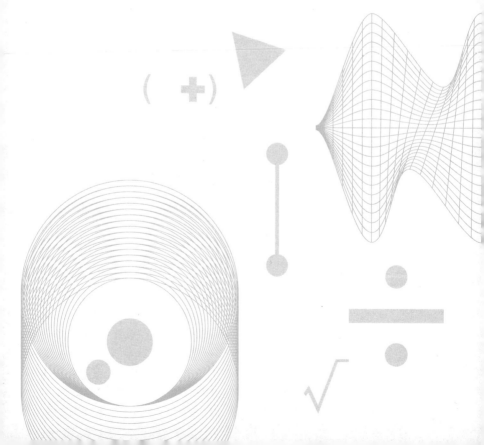

제1장

수학은 어떻게
내 삶의
무기가 되는가

내 집 장만에 꼭 필요한 건
통장잔고가 아니라 수학

신문이나 전단지에서 가끔 "선금 제로로 내 집 장만"이라는 광고를 볼 수 있다. 이런 광고를 보고 '집값을 30년 동안 조금씩 갚아나갈 수 있다니 매력적이네'라는 생각이 들었다면, 이 광고에 감춰진 함정에 빠진 것이다. 이 광고에 숨겨진 함정은 바로 이자이다.

은행에서 대출을 받거나 다른 사람에게 돈을 빌렸을 때 반드시 함께 생각해야 하는 것이 이자이다. 내 돈을 하나도 들이지 않고 집을 장만한다는 건 곧 다른 사람에게 빚을 진다는 의미이다. 따라서 이때도 당연히 이자를 생각해야 한다.

이처럼 빚을 얻어 집을 구하거나 건물을 지을 때에 이자와 관련하여 분명히 기억해두어야 할 원칙이 있다. 그것은 바로 집이나 건물을 통해 얻는 수익이 빚에 대한 이자보다 많아야 한다는 것이다. 집이나 건물을 통해 얻는 수익이란 건물을 임대해서 얻는 임대료 등을 말한다. 이것이 대출금의 이자보다 많아야 적어도 은행에 이자를 낼 수 있고, 나 역시 수익을 올릴 수 있다.

매달 내야 하는 이자를 낼 수 없는 지경이 되거나 건물의 가치가 떨어지면, 기껏 손에 넣었던 내 건물을 잃는 상황이 벌어질 수도 있다. 이런 함정을 전혀 생각하지 못하고 "지금이 내 집을 장만할 기회입니다"라는 말에 마음이 움직였다면, 자신의 회계 지식을 의심해볼 필요가 있다.

은행에서 대출을 받아 건물을 짓는다고 생각해보자. 건물을 짓기 위한 금액의 3분의 1은 자신의 돈으로 준비하고, 나머지 3분의 2를 은행에서 빌렸다. 애써 지은 건물에서 임대료를 받아 수입도 올리고 건물 가격도 올라간다면 금상첨화일 것이다. 하지만 반대로 건물 가격이 떨어지면, 난감한 상황이 발생한다. 난감한 정도로 끝난다면 다행이지만, 그보다 더 심각한 상황은 은행으로부터 압박이 들어오는 것이다. 건물 가격의 3분의 2를 은행에서 빌렸으니, 원래 건물 가격의 3분의 2까지 값이 하락해도 은행에서 독촉을 받는 일은 없다. 자신의 자금을 1억 원 투자하고 은행에서 2억 원을 빌려 건물을 지었다면, 토지와 건물을 합친 감정 가격이 2억 원 이하가 되지 않는 한 은행은 아무 말도 하지 않는다. 하지만 감정 가격이 2억 원 이하로 떨어지면 은행의 태도가 이상해지기 시작한다.

은행은 돈을 빌린 이들의 자산을 자신들의 몫이라고 생각한다. 따라서 자산의 가치가 떨어지면 은행의 몫은 줄어들게 된다. 자산 가치가 내려간다는 것은 그 자산이 만들어내는 수익도 감소한다는 뜻이다. 자산의 가치가 계속 내려가서 이자조차 갚을 수 없는 상황이 되면 은행은 부동산을 경매에 붙이자는 말을 꺼낸다. 돈을 빌린 이들의 자산을 매각해서 자신들의 몫을 확보하려고 하는 것이다. 부동산을 '담보로 잡는다'라는 것이 바로 이런 의미이다. 이처럼 이자에 대한 생각 없이 돈을 빌렸다가는 애써 얻은 건물을 어처구니없이 은행에 빼앗기는 상황이 발생하기도 한다.

'선금 제로'라는 말에는 토지와 건물의 가격 전체에 대한 채무와 그 이자에 대한 채무를 짊어진다는 뜻이 감춰져 있다. 빚을 얻어 건물을 지을 때에도 자신이 빌린 원금은 물론이고 원금에 대한 이자까지도 자신의 빚, 다시 말해 채무가 된다. 회계적 사고가 몸에 배면 이런 상황을 숫자로 명확하게 확인할 수 있게 된다. 자

수학은 어떻게 무기가 되는가

신이 어떤 경제적 행동을 했을 때 부딪힐 수 있는 위험을 막연한 '느낌'이나 '분위기'가 아니라, 숫자로 정확하게 파악할 수 있게 되는 것이다.

이와 같은 사고 방법은 비즈니스의 현장에서뿐만 아니라 일상 생활에서도 유용하게 활용된다. 하지만 많은 사람들이 회계 지식을 자신과는 관련 없는 전문가들의 영역이라고 생각하는 경향이 있다. 이 장에서는 사회인으로서 기본적으로 익혀두어야 할 최소한의 회계 지식, 상식으로서의 회계 지식에 대해서 하나씩 알아볼 것이다.

숫자를 제때 읽고 자금을 굴리면
인생이 달라진다

'회계사' 혹은 '세무사'가 어떤 일을 하는지는 자세히는 아니더라도 대충은 알고 있을 것이다. 둘 다 어렵기로 유명한 국가시험에 합격해야 하고, 특수한 지식이나 기능을 익힌 전문직으로 알려져 있다. 앞에서 말했듯이 '회계'가 특수한 지식이라고 생각한다는 건 회계가 자신과는 관계가 없으며, 업무나 생활에 필요 없는 분야라고 생각한다는 의미이다.

하지만 회계의 원리원칙은 사회생활을 하는 사람이라면 당연히 알고 있어야 하는 상식이다. 이렇게 말하는 데에는 이유가 있다. 현재 어떤 회사의 경영 상태를 알 수 있는 공식적인 서류를 '재무제표'라고 하고, 재무제표를 작성하는 방법이나 기술을 '부

수학은 어떻게 무기가 되는가

기(簿記)'라고 한다. 회계란 재무제표를 작성하기 위한 기본적인 이론이자 원칙이다.

재무제표를 보면 경쟁사나 앞으로 거래를 시작하려는 회사 혹은 자신이 입사하려는 회사의 경영 상태와 사업의 진행 상황을 한눈에 알 수 있다. 한 마디로 재무제표를 보면 어떤 전문가의 말보다 확실하고 분명하게 회사의 경영 상태를 알 수 있다. 그리고 재무제표를 보는 데 반드시 필요한 것이 회계 지식이다. 이런 이유에서 회계 지식은 비즈니스에 반드시 필요한 상식이라고 할 수 있다.

부기에 대한 자세한 지식이라면 몰라도 회계를 특수한 지식이라고 착각하고 나와는 관계없는 문제라고 생각하는 것은 사회인으로서 기본을 무시하는 것이나 다름없다.

회계 지식을 가지고 재무 관련 서류를 보면 돈의 진짜 흐름을 알 수 있다. 돈과 권력은 연결되어 있으므로 돈의 흐름을 알면 권력 관계도 알 수 있다. 그리고 돈의 진짜 흐름을 읽으면 세상을 바라보는 시각도 달라지며, 더 현명한 시각으로 세상을 읽을 수 있게 된다.

부기는 기술적인 내용이라서 제대로 이해하기 위해서는 공부해야 할 것이 매우 많다. 하지만 지금 부기를 공부할 필요는 없다. 어려운 부기를 공부하기보다는 회계를 통해 재무 서류의 원칙을 알아두는 것만으로도 큰 도움이 된다.

한때 일본에서는 회계를 제대로 알고 있는 사람이 없어서 사회적으로 큰 문제가 발생한 적이 있다. 1990년대에 일본에서는 '불량 채권'이라는 것이 경제적으로 큰 문제가 되었다. 제2차 세계대전 이후 일본 최대의 금융 사건으로 알려진 이 일로 일본 은행들의 대출금에 큰 손실이 발생했다. 하지만 은행 간부들은 불량 채권을 처리한 경험이 부족했고, 은행을 관리 감독하던 기관의 간부들 역시 회계 지식이 턱없이 부족했다. 당시 올바른 회계 지식을 가지고 상황을 제대로 설명할 수 있는 사람은 아무도 없었고, 그 결과 불량 채권을 어떻게 처리할지에 관한 논의가 제대로 이루어지지 못했다.

일본 최고의 엘리트라고 불리던 이들이 어떻게 그럴 수 있었을까? 당시의 은행을 관리 감독하던 대장성 간부들은 대부분 도쿄대학교의 법학부 졸업자였는데, 도쿄대학교의 법학부나 경제학부에서는 회계를 수준 낮은 학문으로 여겼다. 따라서 회계를 제대로 공부한 사람도 거의 없었고, 회계를 공부하고 싶어도 공부할 수 있는 기회도 없었다. 국세국이나 세무서에서 세무를 담당하는 공무원들을 교육시키는 '세무대학교'에서 회계를 가르

치기는 했지만, 세무대학교에 오는 사람들은 주로 현장 직원이었다. 정작 회계를 잘 알지 못하는 간부 직원들은 이미 회계를 다 알고 있다고 생각하고 제대로 교육을 하지 않았다.

해결책을 의논하기 위한 회의에 전문가로 참여한 도쿄대학교 경제학부의 교수조차 제대로 된 회계 지식이 없어서 불량 채권에 대해 부끄러울 정도로 엉뚱한 소리를 했다. 회계를 아는 사람들은 도쿄대학교 법학부나 경제학부를 졸업한 사람보다 똑똑해질 수 있는 것이 당시의 현실이었다.

이것은 회계 지식의 부족으로 사회 전체에 문제가 발생한 사례였다. 하지만 우리의 일상에서도 이런 일은 얼마든지 발생할 수 있다. 회계 지식이 있는 사람과 없는 사람은 자신에게 닥친 경제적이고 재정적인 문제에 대처하는 방법이 완전히 달라지고, 이런 대처에 따라 삶이 180도로 달라질 수 있다.

나는 수학적 사고를 하는가?
간단히 알아보는 법

자신이 수학적인 사고를 하느냐 아니냐를 쉽게 테스트하는 방법
이 있다. 바로 '불량 채권'이라는 말을 제대로 이해할 수 있는지
생각해보면 된다.

예를 들어 '불량 채권 500조 원'이라는 말을 들었을 때, 어떤
생각이 드는가? '잘은 모르겠지만 왠지 좋지 않은 것 같다' 정도
의 느낌을 가지고 있는 사람이 대부분일 것이다.

'불량 채권'이 무엇인지 이해하기 위해서는 채권은 곧 자산이
라는 것을 알아두어야 한다. 자산에는 예금이나 부동산, 유가 증
권 등 여러 종류가 있는데, 먼저 주식을 예로 들어보자.

A라는 회사의 주식을 200만 원어치 샀다고 가정하자. 이때 장

부에는 당연히 주식을 구입한 금액 200만 원을 기록한다. 이것이 '장부 가격'이다. 그런데 A사의 주가가 하락해서 200만 원을 주고 산 주식의 가치가 120만 원까지 떨어졌다. 이때 120만 원을 '실질 가격'이라고 한다.

장부 가격과 실질 가격이 같거나(장부 가격=실질 가격) 장부 가격보다 실질 가격이 높다면(장부 가격<실질 가격) 문제는 없다. 그러나 장부 가격보다 실질 가격이 낮아지면(장부 가격>실질 가격) 손해를 보게 된다. 이처럼 A사의 주식을 구입했는데, 주식 가격이 떨어져서 실제로 구입한 금액인 장부 가격보다 낮아졌을 때(장부 가격>실질 가격), A사의 주식은 손해를 주는 주식이 된다. 이것이 '불량 채권'이다.

정확히 말하면 장부 가격보다 실질 가격이 일정 수준 이상으로 떨어질 경우, 그 채권을 불량 채권이라고 한다. 실질 가격이 계속 오르지 않으면 장부 가격과 실질 가격의 차액은 그대로 손해가 된다. 이때 그 차액을 '불량 채권 손실액'이라고 한다.

참고로 '불량 채권 손실액'과 '불량 채권액'을 헷갈리지 않도록 주의해야 한다. 그렇다면 '불량 채권액'과 '불량 채권 손실액'의 차이는 무엇일까?

B라는 회사에 1,000만 원을 빌려줬다고 가정하자. 1,000만 원 중에서 500만 원을 돌려받았는데 갑자기 B사가 파산했다.

그리고 파산한 B사의 채권을 처리하는 과정에서 돌려받지 못한 500만 원 중에서 100만 원을 돌려받았다. 이때 B사의 채권 1,000만 원은 '불량 채권액'이다. 하지만 파산 전에 500만 원을 돌려받았고, 파산한 후에 100만 원을 돌려받았으므로, 실제로 손실을 입은 금액은 400만 원이다. 즉, 1,000만 원-500만 원-100만 원=400만 원이 '불량 채권 손실액'이 된다.

경제 기사에서 "500조 원의 불량 채권"이라는 표현을 사용했다면, 정확한 의미를 파악하는 데 주의해야 한다. '장부 가격' 500조 원이 불량 채권이 되어 손실을 입었다는 것인지, '불량 채권 손실액'이 500조 원이라는 것인지 명확히 하지 않은 경우가 많기 때문이다. 이와 같은 자세한 분석 없이 "500조 원의 불량 채권"이라고 모호하게 이야기하는 것은 "아무튼 심각한 사태다"와 같이 과장되게 이야기하는 것에 불과하며, 실제로는 아무 의미도 없다. 심각한 사태인지 아닌지 상황을 정확하게 파악하기 위해서는 불량 채권이 된 채권의 총액이 얼마이고, 그중에서도 '불량 채권 손실액'이 얼마인지를 살펴봐야 한다.

회계 지식이 있으면 이런 표현도 깔끔하게 정의할 수 있고, 한심한 경제 뉴스나 인터넷에 떠도는 유언비어에 넘어가서 근거 없이 호들갑을 떨지도 않게 된다.

　　　　　　　　　　　　　수학은 어떻게 무기가 되는가

'돈'을 설명할 때
회계만큼 간편한 언어는 없다

우리말이라서 그 의미를 잘 알고 있다고 착각하고 있지만, 사실은 정확한 의미를 알지 못하는 경우가 있다. 회계 용어가 바로 그런 경우이다. '불량 채권'이라는 말은 분명 우리말이다. 하지만 '불량 채권'의 의미를 정확히 이해하고 있는 사람은 아주 소수에 불과하다.

회계에서 사용하는 말은 컴퓨터 프로그램에서 사용하는 언어와 마찬가지로 재무 상황을 표현하기 위한 특별한 언어이다. 일상적으로 흔하게 쓰는 말이라도 회계에서 사용할 때에는 전혀 다른 의미로 사용되는 경우도 있다. 이처럼 회계 용어는 전문적인 의미를 가진 단어가 많기 때문에 우리말이 아니라고 생각하는 것이 좋다. 그리고 마치 외국어를 배울 때처럼 하나하나 그 의미를 정확하게 파악하면서 공부해야 한다.

신문에서 경제 기사를 읽어봐도 무슨 말인지 도저히 모르겠다는 사람이 많다. 그 원인은 경제 기사에 자주 사용되는 회계 용어가 대부분 특별한 의미를 가지고 있기 때문이다. 그리고 회계에서 사용하는 용어를 모르는 채 경제 기사를 읽는 것은 영어를 모르면서 영자 신문을 읽는 것과 같다. 물론 기자가 전문 지식이 부족해서 정확한 기사를 쓰지 못할 때도 있지만, 그런 경우에도 회계 지식을 알고 있으면 기사의 잘못된 부분까지도 파악할 수 있다.

지금까지 경제 기사를 이해하지 못했다고 고민할 필요는 없다. 지금부터 외국어를 공부하는 것처럼 회계 용어를 하나씩 공부하면 머지않아 충분히 경제 기사를 읽고 이해할 수 있다. 회계에서 사용하는 기술 언어는 보편적이어서 한번 익히면 평생 사용할 수 있기 때문이다.

'돈'을 설명할 때 회계만큼 간편한 언어는 없다. 특히 투자를 할 때나 사업을 시작할 때 회계를 아는 것과 모르는 것에는 큰 차이가 있다.

앞에서도 이야기했지만, 사회생활을 하면서 회계를 당연히 알아야 하는 상식으로 여기는 이유는 재무 서류를 이해하는 데 필요하기 때문이다. 재무 서류를 거짓으로 기록하는 것은 불법이다. 따라서 회사의 정확한 자료가 기록되어 있는 재무 서류를 읽으면 그 기업의 현재 상태를 정확하게 알 수 있다. 예를 들어 겉으로 보기에는 방송국이지만 내부를 들여다보면 부동산업이 사업의 대부분을 차지하고 있는 경우도 있다. 이와 같이 기업의 '겉'으로 드러난 얼굴과 숨겨진 얼굴도 재무 서류를 보면 쉽게 알 수 있다. 실제로 후지TV를 소유하고 있는 후지 미디어 홀딩스의 경우, 시청률 부진으로 방송 부문의 영업 이익이 크게 감소하면서 현재는 부동산 사업이 전체 수익의 절반 가량을 차지하는 주력 사업이 되었다.

우리는 자본주의 사회에서 살고 있다. 자본주의 사회에서 돈은 곧 권력을 의미한다. 돈을 쥐고 있는 사람이 가장 강력한 영향력을 가지고 있다. 일반 가정에서도 남편이든 아내든 경제권을 쥐고 있는 쪽에 주도권이 있다. 이것은 기업이나 국가도 마찬가지여서 경리 책임자나 재무부가 권력을 쥐고 있다. 또한 기업은 돈을 쥐고 있는 은행에 저자세가 될 수밖에 없다.

거짓을 기록할 수 없는 재무 서류에는 누가 얼마나 투자를 했으며 부채가 얼마나 되는지 등 그 기업을 둘러싼 권력 관계가 그대로 기록되어 있다. 따라서 연줄을 이용해서 이런저런 사람들에게 이야기를 듣는 것보다 재무제표를 보는 편이 기업의 경영 상태를 파악하는 데 도움이 된다.

회계를 공부하는 것은 돈과 권력이라는 자본주의의 기본 원리를 적확히 꿰뚫어보는 힘을 키우는 것이다. 그래서 똑똑하게 사회생활을 하고 싶은 이들에게 회계 지식은 필수이다.

돈의 진짜 흐름을 알기 위한 단두 개의 숫자

돈의 흐름을 알기 위해서는 두 종류의 표를 이해해야 한다. 두 종류의 표란 '재무상태표(BS, Balanced Sheet)'와 '손익계산서(PL, Profit and Loss statement)'를 말한다. 이 두 종류의 표는 회계에 관한 최소한의 기초 지식이며, 돈의 흐름을 이해할 수 있는 원리이다. 따라서 이 두 표를 읽을 수 있으면 회계와 돈의 기본은 알고 있다고 말할 수 있다.

재무상태표와 손익계산서를 단순하게 말하면 다음과 같이 설명할 수 있다.

* **재무상태표(BS)**: 그 기업이 '채무'는 얼마이고(부채), '자본'은 얼마

이며(자본), 자본으로 어떤 '자산'을 구입했으며(자산), 남아 있는 자

산은 어느 정도인지(순자산)를 정리한 표

• **손익계산서(PL)**: 1년 동안(혹은 사분기 동안)에 그 기업이 이익을 얼마

나 얻었고, 경비로 사용한 돈은 얼마이며, 그 결과 얼마나 이익을

얻었는지 정리한 표

기업의 재무 서류 중에서 가장 먼저 살펴봐야 하는 것이 재무

상태표(BS)이다. 재무상태표를 이해하려면 대략적으로라도 '복

식 부기'라는 것을 알아두는 것이 좋다. 복식 부기란 장부를 적는

방법 중 하나로, '오른쪽'과 '왼쪽'으로 칸을 나눠서 기록하는 장

부를 말한다.표1 참조 이때 오른쪽 칸을 '대변(貸邊)'이라고 하는데,

이곳에는 '부채와 자본(liability and capital)'을 기록한다. 왼쪽 칸

은 '차변(借邊)'이라고 하는데, 이곳에는 '자산(asset)'을 적는다.

'부채와 자본', '자산'의 개념은 이 책을 계속 읽다 보면 자연

스럽게 알게 될 것이다. 여기에서는 일단 오른쪽(대변)에는 들어

오는 돈을 적고, 왼쪽(차변)에는 들어온 돈이 어떻게 바뀌었는지,

다시 말해 돈을 어떻게 사용했는지를 적는다는 것만 기억해두

자. 이렇게 오른쪽과 왼쪽으로 내용을 구분해서 기록하는 것이

'복식 부기'의 원칙이다.

돈의 흐름에는 언제나 '들어온다'와 '나가서 무엇인가로 바뀐

수학은 어떻게 무기가 되는가

|표1| 복식 부기의 예

자본금이 1,000만 원이고,
그중에서 현금 200만 원으로 자동차를 구입했을 경우

날짜	차변(자산)		대변(부채와 자본)	
4월 1일	현금 및 예금	1,000만 원	자본금	1,000만 원
4월 15일	자동차	200만 원	현금	200만 원

다'라는 두 가지 측면이 있다. 돈을 벌면 필요한 것을 구입하거나 여러 가지 비용으로 지출한다. 이것이 바로 돈이 들어와서 무엇인가로 바뀌어 나가는 것이다. 복식 부기는 이런 돈의 흐름에 대한 원리원칙을 명확하고 알기 쉽게 표현하는 방법이다.

복식 부기의 오른쪽(대변)과 왼쪽(차변)은 '하나의 돈거래'를 나타낸다. 예를 들어 자동차를 샀다고 가정해보자. 자동차를 사기 위한 돈은 어디에서 났을까? 자신이 벌었거나 누군가에게 빌렸을 것이다. 이 경우 번 돈 혹은 빌린 돈을 오른쪽(대변)에 적고, 자동차 구입액을 왼쪽(차변)에 적는다. 이것이 복식 부기이다.

이때 '누구의 돈'인지 생각하는 것이 중요하다. '누구의 돈'에 대한 흐름인지에 따라 어떻게 취급할지가 결정된다. 주식의 경우 주식을 구입한 사람의 입장에서 주식은 '자산'이므로, 주식을 소유한 사람의 복식 부기 장부에서 주식은 왼쪽(차변)에 적는다. 한편 회사에 필요한 자금을 충당하기 위해 주식을 판매한 회사의 입장에서 다른 사람이 가지고 있는 자기 회사의 주식은 '부채 및 자본'에 해당한다. 따라서 그 회사의 복식 부기 장부에서 판매한 주식은 오른쪽(대변)에 기입한다.

'누구'라는 기본을 소홀히 하면 '자산' 혹은 '부채'라는 말의 이미지 때문에 착각을 일으키기 쉽고, 그렇게 되면 돈의 흐름을 올바르게 보지 못하게 된다.

수학은 어떻게 무기가 되는가

내 자산과 부채를
한눈에 파악하는 비결

기업의 역할은 자금을 구해서 상품을 만들고 그것을 판매해서 수익을 올리는 것이다. 이것을 회계 방식으로 표현하면, '어떤 방법으로 돈을 얻고, 그 돈을 무엇인가로 바꾸는 것'이다. 그 과정에서 이루어지는 모든 활동은 하나하나 전부 복식 부기로 기록할 수 있다.

자신이 직접 회사를 세워서 경영한다고 생각해보자. 먼저 오른쪽(대변)의 '부채와 자본'에는 무엇을 적어야 할까?

'부채와 자본'이란 어떤 방법으로든 얻은 돈을 의미한다. 우선 부채에 대해 알아보자. 부채란 회사를 시작하기 위해 다른 사람에게서 빌린 돈이나 외상으로 가져온 물건의 대금 등을 말한다. 예를 들어 은행에서 빌린 돈이나 회사의 주식을 팔아서 얻은 돈은 모두 부채이다. 돈을 나중에 주기로 하고 기계를 구입했다면, 이것을 외상 매입금이라고 하는데, 이것도 나중에 갚아야 하는 돈이니 '부채'에 속한다.

'자본'은 사업을 위해 투자를 받은 돈이나 사업을 통해서 벌어들인 돈을 가리킨다. 자신이 가지고 있는 돈에서 회사를 세우기 위해 투자한 '자본금'이나 주식을 대가로 얻은 '출자금' 등이 자본에 해당한다.

부채도 자본도 오른쪽에 기입하는데, 부채는 언젠가 갚아야 하는 돈이고, 자본은 갚을 필요가 없는 돈이라는 점에서 차이가 있다.

왼쪽(차변)의 '자산'에는 무엇을 적을까?

'자산'이란 빌린 돈이나 자본금 등을 무엇인가로 바꾼 것을 가리킨다. 은행에서 돈을 빌려서 제조용 기계를 샀다면, 오른쪽에는 은행에서 빌린 금액(부채)을 적고, 왼쪽의 '자산'에 기계의 가격을 적는다. 연필 한 다스를 현금 2,000원을 주고 샀다면, 오른쪽에 '현금 2,000원', 왼쪽에 '연필 한 다스 2,000원'과 같은 식으로 적어나간다. 이것이 돈과 물건의 거래이다. 회사의 경리부는 이처럼 매일 돈과 자산이 나가고 들어오는 상황을 복식 부기의 형식으로 기록하고 관리한다.

복식 부기로 기록된 장부가 1년분이 쌓이면 회사의 1년 성적을 정리하는데, 이것을 '결산'이라고 한다. '결산'이란 1년분의 장부를 정리하여 '재무상태표(BS)'와 '손익계산서(PL)'라는 두 가지 서류에 정리하는 것을 말한다.

복식 부기 장부와 마찬가지로 '재무상태표'도 오른쪽(대변)과 왼쪽(차변)으로 나뉘어 있다.표2 참조 오른쪽에는 '돈의 출처', 왼쪽에는 '그 돈으로 얻은 것'을 적는다는 원칙은 복식 부기와 똑같다. 다만 결산서인 재무상태표에는 언젠가 갚아야 하는 돈인 '부채'와 갚을 필요가 없는 돈인 '자본(순자산)'을 명확하게 나누어서 기록한다. 오른쪽을 다시 위와 아래로 나누어 '부채'와 '자본(순자산)'을 구분해서 적는 것이다.

오른쪽에 기록한 부채와 자본으로 자산을 얻었다면 그것은 재무상태표의 왼쪽에 기록한다. 이처럼 자금을 얻어서 그것을 어떤 자산으로 바꾸는 것이 기업 활동이다. 그리고 자산이란 제품을 만들기 위한 기계나 공장 건물 등 종류가 다양하다.

여기에서 잠시 '현금'과 '자산'의 차이를 살펴보자. 예를 들어

│표 2│ 재무상태표

자산 5억 원을 가진 기업의 사례

(단위: 천 원)

자산		부채	
유동 자산		**유동 부채**	
현금 및 예금	80,000	지급 어음	20,000
받을 어음	70,000	외상 매입금	20,000
외상 매출 채권	50,000	단기 차입금	10,000
유가 증권	15,000	**유동 부채 합계**	50,000
대부금	10,000	**고정 부채**	
유동 자산 합계	225,000	장기 차입금	100,000
고정 자산		회사채	50,000
건물과 건축물	30,000	**고정 부채 합계**	150,000
토지	150,000	**부채 합계**	200,000
기계	75,000	**자본(순자산)**	
투자와 기타 자산		주주 자본	
투자 유가 증권	20,000	자본금	200,000
고정 자산 합계	275,000	이익 잉여금	100,000
		자본(순자산) 합계	300,000
자산 합계	500,000	**부채 및 자본 합계**	500,000

오른쪽의 돈이 형태를 바꾼 것

언젠가 갚아야 하는 돈

돈의 출처

갚을 필요가 없는 돈

똑같은 1억 원이라도 현금으로 가지고 있지 않고, 제품 생산을
위한 설비라는 자산으로 바꿀 수 있다. 생산 설비를 갖추면 제품

수학은 어떻게 무기가 되는가

을 만들어 판매하여 이익을 얻을 수 있다. 현금 2억 원을 부동산이라는 자산으로 바꾸면 임대료를 얻을 수 있고, 부동산 가격이 올라 2억 3,000만 원에 매각하면 3,000만 원이라는 이익이 생긴다.

현금을 자산으로 바꾼다는 것은 평범한 돈을 수익을 낳는 돈으로 만든다는 것이다. 이것이 '현금'과 '자산'의 차이다.

돈의 조달과 운용을 반복하며 자산을 늘리는 것이 회사의 발전이며 기업 활동이다. 재무상태표에는 그 기업의 돈이 들어오고 나가는 흐름이 기록되어 있다. 따라서 재무상태표를 보면 그 기업이 어떤 자산을 얻었는지 알 수 있다. 그리고 어떤 자산을 구입했는지를 알면, 그 기업이 어떤 방법으로 수익을 얻으려 하는지도 알 수 있다.

기업의 민낯,
손익계산서를 뜯어보자

기업의 재무상태표(BS)에는 자산을 얻는 데 사용한 돈의 흐름 이외에도 수많은 돈의 출입이 기록되어 있다. 그중에는 '매출'도 있고, 수도요금이나 전기요금, 종업원의 급여 등 '비용'으로 사라져버리는 돈도 있다. 그리고 이렇게 1년 동안 돈이 들어오고 나간 결과, 얼마나 이익을 얻었는지를 정리한 서류가 바로 '손익계산서(PL)'이다.표3 참조

증권 거래소에서 주식을 사고팔 수 있도록 인가받은 상장 기업은 반드시 증권 거래소에 유가 증권 보고서라는 서류를 제출해야 한다. 여기에 포함되는 손익계산서에는 어떤 사업에서 얼마의 이익을 얻었는지까지 구분해서 '부문별 정보'가 기록되어

수학은 어떻게 무기가 되는가

┃표 3┃ 손익계산서

매출액 5억 원인 기업의 사례

(단위: 천 원)

과목	금액
매출액	500,000
매출 원가	350,000
매출 총이익	150,000
판매비와 일반 관리비	100,000
영업 이익	50,000
영업 외 수익	
수취 이자	500
수취 배당금	3,000
영업 외 비용	
지급 이자	1,500
경상 이익	52,000
특별 이익	
고정 자산 매각액	2,000
특별 손실	
감손 손실	500
법인세 차감 전 당기 순이익	53,500
법인세 등 합계	6,500
당기 순이익	47,000

재무상태표의 이익 잉여금에 포함된다.

있다. 또한 손익계산서를 보면 기업이 어떤 사업을 기반으로 운영되고 있는지와 같은 기업의 진짜 얼굴도 드러난다.

손익계산서를 보고 이해하려면 손익계산서에 기록되어 있는 각각의 항목이 무엇을 의미하는지 알아두어야 한다. 우선 손익계산서에서 가장 기본이 되는 항목은 '매출 총이익', '영업 이익', '경상 이익', '당기 순이익'이다. 낯선 용어들이 어렵게 느껴지지만 알고 보면 결코 어려운 개념이 아니다. 천천히 하나씩 살펴보면서 의미를 정확하게 알아두자.

매출 총이익이란 '1년 동안 얻은 수익(매출액)'에서 '매출 원가(매입액)'를 뺀 것이다. 매출 원가란 상품을 제조하는 데 드는 비용을 말한다. 어떤 상품을 만들거나 구입하는 데 1,000원이 들었다면 1,000원이 매출원가가 된다. 원가 1,000원의 상품을 1,500원에 판매하는 경우, 매출은 1,500원이고, 매출 원가는 1,000원, 매출 총이익은 500원이 된다.

영업 이익은 '매출 총이익'에서 '판매비와 일반 관리비'를 뺀 것이다. '판매비와 일반 관리비'란 수도요금이나 전기요금, 직원들의 급여, 사무용품 등의 소모품비, 접대 교제비 등을 가리킨다. 즉, 영업 이익이란 제품을 판매해서 얻은 이익 중에서 기업을 운영하는 데 드는 비용을 제외한 금액을 가리킨다.

경상 이익은 '영업 이익'에서 '영업 외 비용'을 빼고 '영업 외 수익'을 더한 금액이다. '영업 외 수익'이란 상품을 판매해서 얻은 수익 이외에 다른 부분에서 얻은 수익을 말한다. 예를 들어 회사 건물을 임대해서 얻은 임대료나 회사의 돈을 다른 곳에 투자해서 얻은 배당금 등을 영업 외 수익이라고 한다. '영업 외 비용'은 은행 등에서 얻은 부채에 대한 이자 지급액을 가리킨다.

당기 순이익이란 '경상 이익'에서 '특별 손실'을 빼고 '특별 이익'을 더한 것에서 법인세 등의 세금을 뺀 금액이다. '특별 이익'이란 부동산을 팔아서 얻은 이익 등을 가리키며, '특별 손실'은 부동산의 가치가 하락해서 손실을 본 금액을 말한다. 간단하게 말해서, 당기 순이익이란 1년 매출액에서 다양한 비용을 제외하고, 그 밖의 수익이나 지급액, 세금 등을 더하거나 빼고 남은 금액을 가리킨다. 참고로 법인세와 같은 세금을 빼기 이전의 금액은 '법인세 차감 전 당기 순이익'이라고 한다.

익숙하지 않은 단어라서 어렵게 느껴질 수 있지만 의미를 알고 나면 쉽게 이해할 수 있다. 앞에서 말했듯이 회계 용어는 외국어와 같다. 어려운 말이라고 덮어버리지 말고, 영어 단어를 외우듯이 그 뜻을 익혀두면 어렵지 않게 그 의미를 이해할 수 있다.

앞에서 설명한 이 네 가지 항목은 손익계산서에서 가장 기본적인 항목이니 다음과 같이 정리해서 꼭 기억해두기 바란다.

- **매출 총이익** = 매출액(1년 동안 얻은 수익)-매출 원가(매입액)
- **영업 이익** = 매출 총이익-판매비와 일반 관리비
- **경상 이익** = 영업 이익-영업 외 비용+영업 외 수익
- **당기 순이익** = 경상 이익-특별 손실+특별 이익-법인세 등의 세금

그렇다면 재무상태표(BS)와 손익계산서의 차이는 무엇일까?

이것을 이해하려면 '스톡(stock)'과 '플로(flow)'라는 개념을 알아둘 필요가 있다. '스톡'이란 '특정 시점에서의 이야기', '플로'는 '어떤 기간 동안의 이야기'라는 의미이다. 재무상태표는 결산이 이루어지는 특정 시점의 부채, 순자산, 자산의 상태를 기록하기 때문에 '스톡'의 개념이다. 한편 손익계산서는 1년 동안의 돈의 출입을 정리한 것이므로 '플로'의 개념이다.

쉬운 예를 들어 살펴보자. 이른바 '부자'에는 두 종류가 있다. 자산을 물려받은 '자산가 유형'과 사업을 해서 돈을 버는 '실업가 유형'이다. 자산가 유형은 현 시점에서의 자산, 즉 스톡이 많은 사람이다. 그리고 실업가 유형은 매년 얻을 수 있는 이익, 즉 플로가 많은 사람이다. 둘 중 어느 쪽이 진짜 부자이고 어느 쪽이

가짜 부자라고 할 수는 없다.

기업의 경영 상태도 같은 시각에서 볼 수 있다. 손익계산서에서 '영업 이익'이 이전 분기보다 증가했다면 최근 1년 사이에 사업으로 더 많은 돈을 벌었다는 의미이다. 이는 경영을 잘했다고 할 수 있으며, 이익이 증가했으니 자산도 증가했으리라고 예상할 수 있다.

반면에 재무상태표에서는 부동산으로 큰 자산을 가지고 있지만, 손익계산서의 영업 이익이 감소하고 있는 기업도 있다. 영업 이익이 감소하고 있는데 회사가 유지되고 있다면 자산으로 수익을 얻고 있다고 추측할 수 있다. 이 추측을 확인하기 위해서는 손익계산서의 '영업 외 수익'을 보면 된다. 부동산 임대로 얻은 수익은 '매출'에, 부동산을 매각해서 얻은 수익은 '특별 수익'에 기록된다. 매출이나 특별 수익에 기록된 금액이 영업 이익보다 많다면 기업 활동보다는 자산을 통해 얻는 수익이 더 많다는 의미이다. 이런 기업은 현재의 기업 활동이 아니라 과거의 자산으로 경영을 지탱하고 있는 것이다. 이처럼 기업의 현재 상황이 어떤지도 재무상태표와 손익계산서를 통해서 알 수 있다.

빚은 잘못이 없다!
숫자를 모르는 게 잘못이지

빚이라고 하면 무조건 나쁘게만 생각하는 사람이 있다. 물론 돈을 빌려서 모두 술값으로 날려버린다면 그것은 분명 문제이다. 그러나 빌린 돈으로 집을 사거나 자동차를 산다면 이야기는 달라진다. 집이나 자동차를 사는 것은 '자산'을 얻는 것이며, 이 경우 빚을 얻었다고 해도 무조건 나쁘다고 할 수 없다.

기업도 마찬가지이다. 빚을 내서, 다시 말해 채무를 얻어서 흥청망청 써버릴 수도 있지만, 사업에 필요한 기계를 구입하거나 부동산을 추가로 매입해서 '자산'을 얻을 수 있다.

그렇다면 빚을 얻어서 '자산'을 구입한다면 문제는 없는 걸까? 그렇지는 않다. 중요한 것은 '부채와 자산의 균형'이다.

수학은 어떻게 무기가 되는가

앞에서도 설명했듯이, 재무상태표(BS)의 오른쪽(대변)은 '돈의 출처'를 나타낸다. '돈의 출처'는 크게 세 가지로 나눌 수 있다. 누군가에게 빌린 돈을 의미하는 '차입금'이나 '회사채', 자신 또는 다른 사람에게 투자를 받은 돈인 '주주 자본', 사업을 통해 직접 벌어들인 돈인 '이익 잉여금'이 그것이다. 누군가에게 빌린 돈은 '부채'이고, 자신이나 타인이 출자한 돈 그리고 직접 벌어들인 돈은 '자본(순자산)'에 해당한다.

그리고 '부채'와 '자본'을 모두 합한 금액, 즉 오른쪽(대변)의 합계액은 왼쪽(차변)의 '자산'의 합계액과 일치한다. 오른쪽의 '부채'나 '자본'으로 부동산이나 유가 증권 등의 자산을 구입했다면 그것은 왼쪽에 기록한다. 따라서 오른쪽과 왼쪽의 금액이 일치한다.

재무상태표에서 부채액이나 자산액만 봐서는 기업의 재무 상황을 정확히 파악할 수 없다. '자산'에서 '부채'를 뺀 것을 '순자산'이라고 하는데, 회사의 상태를 파악하는 데 가장 중요한 것이 바로 순자산의 규모이다.

예를 들어 자산액 1억 원인 A사와 자산액 2억 원인 B사가 있다고 가정하자. 자산액만을 보면 B사가 우량기업으로 보인다. 그런데 A사에는 부채가 2,000만 원이 있고, B사에는 부채가 1억

5,000만 원이 있다면 어떻게 될까? 자산에서 부채를 뺀 '순자산'은 A사가 8,000만 원, B사가 5,000만 원이므로 재무 상태에서는 A사가 더 우량기업이라고 할 수 있다.

부채액만 봐도 같은 실수를 할 수 있다. 예를 들어 C사에 부채가 5억 원 있다고 해도 자산이 10억 원이라면 순자산은 5억 원이다. 한편 D사는 부채가 2억 원으로 C사보다 부채가 적지만 자산이 3억 원이라면 순자산은 1억 원이 된다. 이 경우는 5억 원의 부채를 지고 있는 C사의 경영이 더 안정적이라고 할 수 있다.

이처럼 기업의 재정 상황을 정확히 파악하려면 부채와 자산의 액수만 보지 말고 '자산과 부채의 차액', 즉 순자산을 봐야 한다.

경제기사를 제대로 읽어내는
수학의 비밀 대공개

"국가 부채가 지금 1,000조 원이나 됩니다. 국민 한 명이 1,000만 원의 빚을 지고 있는 셈입니다. 여러분, 여러분의 자녀와 손자 손녀에게 이 빚을 물려주실 생각이십니까?"

이와 같은 이야기는 누구나 한 번쯤 들어본 적이 있을 것이다. 이때 국가의 빚이 1,000조 원이라는 것은 어떤 의미일까? 정부의 재무상태표를 보면 이 말의 정체는 물론이고 이 말에 커다란 거짓이 숨겨져 있다는 것도 금세 알 수 있다.

경영자가 기업을 운영하는 것처럼 정부는 국가를 운영한다. 따라서 정부에도 당연히 재무상태표와 손익계산서가 있다. 그리고 정부의 재무 서류는 재무 담당 부서의 웹사이트에서 간단히 찾아볼 수 있다.

정부의 재무상태표를 읽을 때 먼저 알아두어야 할 점은, 기업은 부채보다 자산이 더 많을수록 안정적이지만, 정부의 경우 자산보다 부채가 조금 많다고 해도 건전한 상태라는 사실이다. 정부는 이익을 내야 하는 기업이 아니기 때문에 '이익 잉여금'이 존재하지 않는다. 정부의 재무상태표를 보면 '자본(순자산)'은 마이너스인 경우가 많다. 이것은 세계 어느 나라든 마찬가지이다. 그래도 상당한 금액의 마이너스가 아니라면 재정 파탄은 일어나지 않는다. 이것은 역사가 알려주는 사실이다.

표4의 정부의 재무상태표를 살펴보자. 재무상태표에는 수많은 숫자가 나열되어 있지만, 모두 이해할 필요는 없다. 두드러지는 숫자만 읽고 그 의미를 이해하면 그것으로 충분하다.

재무상태표나 손익계산서에 적혀 있는 숫자는 억 단위, 조 단위이며, 보기 좋게 적당한 단위에서 반올림이 되어 있지도 않다. '단위: 백만 원'이라고 적혀 있으면 숫자의 마지막 자리가 '백만 원'이 된다. 가령 '123,456'이라면 1,234억 5,600만 원'을 의미한다. 이런 숫자를 보고 "이 항목은 숫자가 크구나"라고 단순하게 생각해서는 안 된다. "이 항목은 숫자가 크구나. 약 1,235억

|표 4| 정부의 재무상태표 사례

(단위: 백만 원)

자산	전회계년도 (2017년 12월 31일)	본회계년도 (2018년 12월 31일)	부채	전회계년도 (2017년 12월 31일)	본회계년도 (2018년 12월 31일)
현금 및 예금	55,239,666	47,860,071	미지급금	10,343,737	10,515,848
유가 증권	119,868,932	118,571,982	지급 준비금	289,069	265,380
재고 자산	4,285,405	4,299,555	미지급 비용	1,250,770	1,220,788
미수금	5,611,738	5,458,548	보관금 등	906,814	1,030,143
미수 수익	687,191	716,505	선수금	53,264	49,417
미수 (재)보험료	4,736,879	4,735,921	선수 수익	4,062	9,289
선급 비용	1,914,748	5,474,106	미경과 (재)보험료	130,116	36,413
대부금	115,550,240	112,809,764	상여 할당금	316,794	325,560
운용 기탁금	109,111,900	111,464,931	정부 단기 증권	84,660,527	76,987,793
기타 채권 등	3,221,957	3,264,871	공채	943,279,091	966,898,628
대손 충당금	1,764,461	1,623,059	차입금	30,764,461	31,446,449
유형 고정 자산	181,560,281	182,452,620	예탁금	6,546,038	6505,949
			책임 준비금	9,698,894	9,135,615
공공용 재산	149,714,932	150,267,144			
공공용 재산 용지	39,658,807	39,841,969	공적 연금 예탁금	118,776,820	120,110,492
공공용 재산 설비	109,624,055	110,606,581	퇴직급여 충당금	7,215,820	6,697,342
건설 중인 자산	432,070	364,592	기타 채무 등	7,387,103	7,643,198
물품	1,963,522	1,854,592	채무 합계	1,221,623,389	1,238,875,311
기타 고정 자산	26,055	24,826	자산 및 부채 차액		
무형 고정 자산	26,4985	28,1123	자산 및 부채 차액	548,881,473	568,361,788
출자금	72,452,450	74,800,529	부채와 자산 및 부채 차액 합계	672,741,915	670,513,522
자산 합계	672,741,915	670,513,522			

원이나 되네"라고 바로 반올림하여 말할 수 있어야 비로소 숫자를 읽고 이해했다고 할 수 있다. 여기에 익숙해지려면 숫자를 올바른 단위로 소리 내어 읽는 습관을 들이는 것이 가장 좋다.

표4의 재무상태표를 보면 부채에서 두드러지는 숫자는 '공채(公債)'다. 공채란 국가나 공공단체가 특정한 사업을 하는 데 필요한 돈을 조달하기 위해 지는 빚을 말한다. 예를 들어 국가 주도로 거대한 건설 사업을 진행할 때 필요한 돈을 조달하는 방법이 바로 공채를 발행하는 것이다. 그런데 2018년도의 공채가 966조 8,986억 2,800만 원이나 된다고 하니, 이 항목만 보고 언론에서는 '국가 부채 1,000조 원'이라며 호들갑을 떨곤 한다. 정확하게 말하면 바로 그 위에 있는 정부 단기 증권과 차입금도 정부의 빚에 해당한다. 하지만 정부의 재무상태표를 볼 때에도 빚의 액수만 보고 비판해서는 안 된다. 앞에서도 이야기했지만, 중요한 것은 부채의 총액이 아니라 '자산과 부채의 균형'이다.

표4의 정부 재무상태표에서 자산의 합계를 살펴보자. 670조 5,135억 2,200만 원이다. 부채의 합계는 1,238조 8,753억 1,100만 원이다. 자산 합계에서 부채 합계를 뺀 자산 및 부채의 차액을 보면 균형을 알 수 있는데, 이 숫자는 계산할 필요도 없이 재무상태표에 적혀 있다. 568조 3,617억 8,800만 원이다.

수학은 어떻게 무기가 되는가

자산 및 부채의 차액 568조 3,617억 8,800만 원이라는 항목은 보지 않은 채 "빚 1,000조 원"이라고 떠드는 사람들은 자신의 회계 지식이 부족함을 보여주는 것과 다름없다. 중요한 것은 부채의 금액이 아니며, 정확하게 말하면 정부 부채도 1,000조 원이 아니다. '정부의 순자산이 약 마이너스 568조 원'이라는 것이 올바른 표현이고, 중요한 것은 바로 이 점이다.

경제의 기본 상식,
정부의 재무가 궁금하다면

앞에서 이야기했듯이, 정부는 자산보다 부채가 조금 많다고 해도 전혀 문제될 것이 없다. 또한 정부의 재무상태표에서 중요하게 봐야 할 항목은 자산 및 부채의 차액이다. 표4를 보면 이 차액은 마이너스 568조 원이다. 중요한 것은 정부의 순자산인 마이너스 568조 원을 어떻게 바라보느냐이다. 568조 원은 일반인의 감각으로는 정신이 아득해질 정도의 금액이지만, 정부 입장에서는 감당할 수 있는 수준이다.

게다가 정부는 소위 다양한 '자회사'를 보유하고 있는 그룹 기업과 같다. 중앙은행은 대표적인 국가의 자회사이다. 다시 말해 한국의 경우 한국은행을 정부의 자회사라고 할 수 있다. 이것은

수학은 어떻게 무기가 되는가

|표 5| 중앙은행 재무상태표

순기 영업 보고

(단위: 천 원)

자산		부채와 자본	
금지금	441,253,409	발행 은행권	106,557,158,653
현금	241,606,437	당좌 예금	376,800,497,980
국채	473,087,792,358	기타 예금	22,464,649,523
기업 어음 등	2,356,414,250	정부 예금	41,776,908,624
회사채	3,261,063,922	환매조건부 채권 계정	8,735,782
금전의 신탁 (신탁 재산 주식)	900,059,815	잡계정	2,614,547,293
금전의 신탁(신탁 재산 지수 연동형 상장 투자 신탁)	24,173,933,141	충당금 계정	5,201,797,693
금전의 신탁(신탁 재산 부동산 투자 신탁)	504,129,758	자본금	100,000
대부금	46,228,464,000	준비금	3,222,672,796
외국환	6,701,202,093		
대리점 계정	22,765,367		
잡계정	728,410,693		
합계	558,647,069,349	합계	558,647,068,349

모든 국가에도 공통적으로 적용된다. 따라서 중앙은행의 재무상태표를 연결시켜서 보면 정부의 재무상태표에서 새로운 사실을 발견할 수 있다.

표5에서 예를 든 중앙은행의 재무상태표를 살펴보자. 표5
의 중앙은행의 재무상태표는 단위가 천 원으로 기록되어 있다.
'123,456'은 '1억 2,345만 6,000원'이다. 여기에서도 숫자를 소
리 내어 읽는 습관을 들여놓는 것이 좋다.

중앙은행에는 여러 가지 '자산'이 있는데, 눈에 띌 만큼 큰 숫
자는 '국채' 473조 877억 9,235만 8,000원이다. 한편 중앙은행
의 '부채'에서 금액이 가장 큰 것은 '당좌 예금' 376조 8,004억
9,798만 원, 그다음으로 큰 것은 '발행 은행권' 106조 5,571억
5,865만 3,000원이다. 당좌 예금에 대해서는 이후에 설명하기
로 하고 먼저 발행은행권에 대해 알아보자.

'발행 은행권'이란 중앙은행이 발행하는 지폐, 즉 돈을 의미한
다. 한국의 경우 원화가, 일본은 엔화가, 미국에서는 달러가 곧
발행 은행권이다. 그렇다면 돈이 왜 중앙은행의 부채가 되는 걸
까? 간단하게 설명하면, '돈'은 회계적으로 말하면 중앙은행이
발행하는 채무 증권이다. 어렵게 느껴지지만 회계 용어는 이처
럼 일반적인 의미와는 전혀 다른 뜻으로 사용되기 때문에 정확
한 의미를 알아두어야 한다.

중앙은행은 일반은행이 보유하고 있는 국채를 사고, 그 대금
을 일반은행이 중앙은행에 개설해둔 당좌 계좌에 입금해주거나

수학은 어떻게 무기가 되는가

중앙은행권, 즉 지폐를 발행해서 건넨다. 예를 들어 설명하면, 국가의 부채인 국채에 대해서 자회사인 중앙은행이 대신해서 채무증서를 발행하는 것이다. 그리고 이것이 바로 발행 은행권인 돈이다. 따라서 발행 은행권인 돈은 중앙은행의 부채가 된다. 여기서 한 가지 기억해두어야 하는 사실은 발행 은행권은 중앙은행의 '부채'이지만, 이에 대해서 중앙은행이 이자를 지급하는 일은 없다는 것이다. 이것이 중앙은행의 재무상태표를 볼 때 주의해야 할 점이다.

중앙은행의 또 다른 부채인 '당좌 예금'이란 무엇일까? 일반적으로 당좌 예금이란 수표나 어음 등을 결제하기 위한 전용 계좌를 가리킨다. 기업들은 사업적인 목적에서 은행에 당좌 예금 계좌를 만드는데, 이 경우 당좌 예금에는 이자를 지급하지 않는다. 이것은 법령으로 정해져 있다. 기업을 하는 사람이라면 당좌 예금은 무이자라는 사실을 잘 알고 있을 것이다.

일반은행은 고객으로부터 예금을 받으면 그 일부를 의무적으로 한국은행에 예금해두어야 한다. 이것을 지급 준비금이라고 하는데, 고객이 예금 인출을 요구할 것에 대비해서 비축해두는 돈이다. 이 금액은 일반은행이 중앙은행에 개설한 자기 명의의 당좌 예금에 예치된다. 그런데 일반은행이 의무적으로 예치해두어야 하는 지급준비금 이상의 금액을 중앙은행에 예치해두는 경우가 있다. 이렇게 예치된 초과 준비금에 대해서는 중앙은행이 일반은행에 이자를 지급한다. 말하자면 중앙은행이 금융 기관에 주는 '용돈'같은 것이다.

어쨌든 일반은행이 중앙은행에 예치해둔 '당좌 예금'은 발행 은행권으로 언제라도 대체 가능하며, 발행 은행권은 중앙은행에 부채이기는 해도 이자도 없고 상환해야 하는 금액이 아니므로 실질적으로는 빚이라고 할 수 없다. 다시 말해 갚을 필요가 없는 돈이다. 따라서 중앙은행의 재무상태표에서 '부채'는 실질적으로 거의 제로라고 보는 것이 맞다. 즉, 표5에서 중앙은행의 '자산'은 국채인 약 474조 원이라고 볼 수 있다.

이것을 정부의 재무상태표에 연결시켜 보자. 중앙은행은 정부의 자회사와 같다고 했으므로, 중앙은행의 자산 474조 원이 거의 그대로 정부의 자산에 추가된다. 그러면 정부의 '자산 및 부채의 차액'은 마이너스 568조 원에서 마이너스 94조 원까지 감소한다. 이쯤 되면 "정부 부채 1,000조 원"이라는 말이 얼마나 뜬구름 같은 이야기인지 알 수 있다. 이미 이야기했지만, 정부의 재무상태표는 부채가 조금 많아도 문제가 없다. 이렇게 재무상태표만 간단하게 살펴봐도 정부의 재정 상황을 금방 알 수 있다. 반

수학은 어떻게 무기가 되는가

대로 말하면 국가의 빚이 1,000조 원이라며 호들갑을 떠는 사람들은 이런 단순한 노력조차 하지 않는 사람이거나 회계 지식이 부족한 국민을 선동하려고 하는 사람이라고 할 수 있다.

정부와 중앙은행의 재무상태표를 연결한 것을 '연결 재무상태표'라고 부른다. 연결 재무상태로 정부의 재무 상황을 보는 것은 전 세계의 상식이다. 이렇게 재무상태표를 읽을 수 있으면 중앙은행이 어떤 구조의 금융 기관인지도 이해할 수 있다.

대체 국채라는 건
빚일까? 아닐까?

일반 기업과 정부가 빚을 갚는 방법은 완전히 다르다. 따라서 정부의 빚이 많다고 '국가의 빚이 이렇게 많다니' 하며 한숨을 쉴 필요는 없다. 표4의 정부의 재무상태표를 보면 분명히 정부는 공채 966조 8,986억 2,800만 원, 정부 단기 증권 76조 9,877억 9,300만 원, 차입금 31조 4,464억 4,900만 원이라는 빚을 지고 있다.

이미 이야기했듯이, 재무상태표의 오른쪽에 있는 돈은 왼쪽으로 흘러간다. 다시 말해 정부의 '부채'는 대부분의 경우 '자산'으로 바뀌고 있는 것이다. 돈을 어떻게 사용하느냐는 기업의 경우 손익계산서에 명확하게 기록된다. 정부의 경우에는 '예산서'가

손익계산서에 해당된다. 예산서는 일반 회계만도 1,000페이지, 특별 회계까지 포함하면 2,000페이지나 된다. 따라서 자세한 내용은 담당 직원조차도 다 읽지 못하니 상세한 내용은 신경 쓰지 말고, 기본적인 부분만 파악해보자.

정부의 경우, 세금으로는 충당하지 못하는 지출을 메우기 위한 '건설 국채'와 '특별 국채'라는 것이 있다. '건설 국채'란 인프라 정비 등 건설과 관련된 비용을 충당하기 위해 발행하는 것이고, '특별 국채'는 그 밖의 비용을 충당하기 위한 것이다. 일반적으로는 특별 국채가 '적자 국채' 등으로 불리며 좋지 않은 이미지를 가지고 있다.

'건설 국채'와 '특별 국채'는 모두 국가 운영에 필요한 비용을 충당하기 위해 발행하는 것이다. 하지만 정부가 빚을 지지 않는다면, 즉 국채를 발행하지 않는다면 어떻게 될까? 정부의 수입은 오로지 세금에 의존하게 된다. 돈이 필요한 정부가 국채를 발행하지 못하면 증세밖에 자금을 조달할 방법이 없어지는 것이다.

정부에게 빚을 지지 말고 모든 비용과 자산을 세금만으로 충당하라고 말하는 것은 "돈이 부족하면 원하는 만큼 증세하시오"라고 말하는 것과 크게 다르지 않다. 정부에는 빚이 있는 것이 당연하며, 빚 없이 국가를 운영하는 것은 불가능하다. 물론 국가의 빚을 어느 정도까지 허용해야 하느냐의 문제는 있지만, 이미 앞에서 사례로 든 정부의 재무상태표와 중앙은행의 재무상태표에서 보았듯이, 정부의 재무 상황은 빚이 어느 정도 있다고 해도 큰 문제가 되지 않는다.

물론 국채는 빚이므로 정해진 기간 안에 반드시 이자와 원금을 상환해야 한다. 국가의 빚을 상환하는 데에는 세금이 사용되니, 국채 발행액이 증가하면 세금이 늘어난다는 비판을 받는 경우가 있는데, 이것은 오해이다. 국채의 상환은 차환채로 대응하는 것이 원칙이다. 어렵게 느껴지지만 쉽게 표현하면 돈을 빌려서 다시 돈을 갚는다는 의미이다. 다시 말해, 100만 원의 국채가 상환 기일이 되면 국가는 새로 100만 원의 국채를 발행해서 상환한다. 이렇게 국가에서는 빚을 내서 다시 빚을 갚는 과정이 반복되고, 결과적으로 빚의 잔고는 변하지 않는다.

정부의 빚이 줄어들지 않는 이유는 상환 기일이 될 때마다 정부가 빚을 갚기 위한 채권인 차환을 다시 발행하고 있기 때문이다. 실질적으로 정부는 빚을 갚고 있지 않다. 빚을 갚고 있지 않는데 세금이 빚을 갚는 데 사용될 리는 없다. 하지만 경제가 성장하면 경제 규모가 커지면서 빚의 실질적인 잔액은 감소하므로 문제가 없다.

수학은 어떻게 무기가 되는가

- 사회인에게 회계 지식은 당연히 알고 있어야 하는 상식이다.

- 수학적 사고는 창업이나 주택 구입을 위한 대출 등 업무와 일상생활 에서 유용하게 활용된다.

- 일단 재무상태표만 읽을 수 있게 된다면 OK!

- 손익계산서를 읽으면 기업의 숨겨진 얼굴까지 한눈에 알 수 있다!

- '자산'과 '부채'의 균형, 즉 '순자산을 기준으로 보는' 습관을 들이는 것 이 중요하다.

제2장

**수학으로 어떻게
경제를 술술
읽을 수 있는가**

파스타 가격은 올려도
라면 가격은 못 올린다고?

라면 전문점의 가격은 대부분 비슷하다. 어떤 가게에서 가격을 내리면 다른 가게도 가격을 내리려고 한다. 손님들은 더 가격이 싼 가게로 가버리기 때문이다. 한편 인기 파스타 집은 어떨까? 파스타 집의 단골손님은 가격이 다소 오르더라도 '이 가게의 파스타 맛이 좋으니까'라고 생각하며 계속 찾아올 것이다.

　라면 전문점과 인기 파스타 가게가 어느 날 재료 가격이 상승해서 가격을 올려야 할지 고민되는 상황에 처했다고 가정하자. 라면 전문점은 가격을 조금만 올려도 판매량이 크게 줄어들기 때문에 가격을 올리기 힘들다. 반면에 인기 파스타 집은 가격을 올리더라도 라면 전문점처럼 판매량이 크게 줄어들지는 않을 것

　　　　　　　　　　　　수학은 어떻게 무기가 되는가

이다. 이런 사실은 경제에 대해서 잘 알지 못해도 쉽게 짐작할 수 있다. 하지만 경제적인 시각으로 사회를 바라보려면 어떤 이유에서 라면 전문점은 가격을 올리기 힘들고, 파스타 집은 가격을 올릴 수 있는지 설명할 수 있어야 한다.

또한 라면 가격과 파스타의 가격이 어떤 과정을 통해 결정되며, 가격이 변할 때 어떤 현상이 일어나는지도 알 필요가 있다.

이처럼 물건 가격의 변화나 주변의 상황에 대해 짧게 이야기하는 것만 들어도 그 사람의 경제 상식을 짐작할 수 있는 경우가 있다. 어떤 사람이 "라면 전문점에서 지속적으로 가격을 내리는 것을 보니 디플레이션이 아직 끝나지 않았다는 걸 실감할 수 있어"라든가 "거시 경제적으로 생각하면 우리 회사의 경영 상태는 그다지 나쁘지 않다"라고 말했다면 당신은 그 말에 웃을 수 있는가? '말이 어딘가 좀 이상한데?'라고 생각하는 것이 아니라 그 말에 웃은 이유를 명확하게 설명할 수 있는가? 이런 말에 웃지 못하거나 웃는 이유를 설명하지 못한다면, 자신의 경제 상식을 다시 점검해볼 필요가 있다.

그렇다고 너무 걱정할 필요는 없다. 우리 주변에는 수학적 사고방식을 가지고 있지 않은 사람들이 대부분이기 때문에, 경제 지식이 조금 부족하다고 해도 남들보다 뒤떨어지는 것은 아니다. 하지만 반대로 말하면 경제에 대한 상식을 조금만 갖추고 경제가 어떻게 움직이는지 제대로 파악할 수 있다면, 남들보다 한두 발 앞서 나갈 수 있다.

어려운 이론은 필요 없다. 제1장의 회계처럼 기초 중의 기초만 알아도 경제를 보는 시각은 완전히 달라질 수 있다.

골치 아픈 경제도
수요와 공급 곡선만 알면 OK

경제란 한마디로 말해서 '수요와 공급'의 이야기이다. 이것이 전부라고 생각해도 좋다. 그리고 경제를 이해하기 위해서는 두 개의 곡선이 교차하는 '수요와 공급 그래프' 하나만 기억해두면 충분하다.^{표6 참조}

수요와 공급 그래프를 보면 '수요 곡선'과 '공급 곡선'이 하나의 지점에서 교차한다. 이 교차하는 지점은 무엇을 의미할까? 그리고 이 그래프를 어떻게 읽어야 할까? 이것이 경제의 기초이다. 어려운 이론을 배우기 위해 쩔쩔매기보다는 수요 곡선과 공급 곡선의 관계만 제대로 이해해도 대부분의 경제 문제를 쉽게 파악할 수 있다.

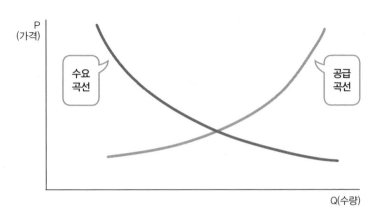

|표6| 수요와 공급 그래프

대부분의 물건에는 물건을 사고파는 무대인 '시장'이 존재한다. 시장은 소비자와 생산자가 물건을 얼마에 사고팔 것인지에 대한 생각을 가지고 모여드는 장소를 말한다. 소비자 100명이 하나의 상품에 대해 얼마에 그 상품을 살지 생각한다고 가정하자. 1,000원, 2,000원, 3,000원 등 소비자가 원하는 가격은 제각각이다.

소비자는 항상 더 싸게 사고 싶어 하기 때문에 가격이 높으면 그 상품을 사고 싶어 하는 사람은 얼마 되지 않는다. 하지만 가격이 내려갈수록 상품을 사고 싶어 하는 사람은 많아진다. 따라서 높은 가격에서 낮은 가격까지, 그 물건을 사고 싶어 하는 사람을

수학은 어떻게 무기가 되는가

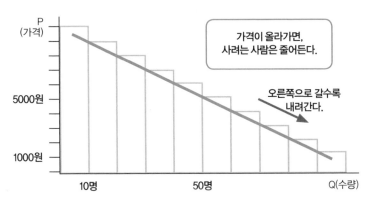

|표7| 수요 곡선(소비자의 그래프)

소비자 100명이 어떤 상품에 대해
얼마에 살지를 생각하는 경우

P
(가격)

가격이 올라가면,
사려는 사람은 줄어든다.

오른쪽으로 갈수록
내려간다.

5000원

1000원

10명   50명   Q(수량)

그래프로 나타내면 표7처럼 선이 오른쪽으로 갈수록 내려간다.
소비자의 입장에서 설명하고 있으므로 이것은 '수요(Demand)'
를 나타낸다. 그래서 이것을 '수요 곡선'이라고 한다.

한편, 그 상품을 생산하는 사람이 있다. 생산자는 상품을 얼
마에 팔 것인지 생각한다. 생산자가 희망하는 가격도 1만 원,
9,000원, 8,000원 등 다양하다. 이것을 낮은 가격에서 높은 가격
의 순서로 나열하면 표8처럼 선이 오른쪽으로 갈수록 올라간다.
왜 오른쪽으로 갈수록 올라갈까? 생산자는 더 비싸게 팔고 싶어
하기 때문에 가격이 비쌀수록 물건을 팔려는 사람은 더 많아진

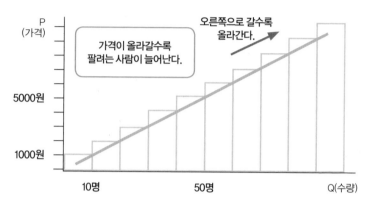

|표8| 공급 곡선(생산자의 그래프)

소비자 100명이 어떤 상품에 대해
얼마에 팔지를 생각하는 경우

P
(가격)

오른쪽으로 갈수록
올라간다.

가격이 올라갈수록
팔려는 사람이 늘어난다.

5000원

1000원

10명   50명   Q(수량)

다. 따라서 선은 오른쪽으로 갈수록 올라간다. 생산자의 입장에
서 표현하고 있으므로 이것은 '공급(Supply)'을 나타낸다. 그래
서 이것을 '공급 곡선'이라고 한다.

그리고 표7과 표8을 겹치면 표6처럼 어떤 지점에서 교차하는
데, 이 지점에서 매매가 이루어진다. 이것이 경제의 기본인 '수요
와 공급 그래프'이다.

그래프에서 가로축의 Q는 수량(Quantity), 즉 팔리는 개수를
의미하고, 세로축의 P는 가격(Price)을 뜻한다.

물건을 사는 소비자의 입장에서는 가격이 내려갈수록 사고 싶

수학은 어떻게 무기가 되는가

은 물건의 개수(사는 개수)가 늘어난다. 반면에 물건을 파는 생산자들은 가격이 올라갈수록 더 많이 생산해서 팔려고 한다.

'수요와 공급 그래프'가 나타내는 것이 바로 이것이다. 그리고 이것을 이해했다면 경제의 대부분을 이해했다고 할 수 있다.

시장의 가격이 변하는
진짜 이유는 무엇일까?

물건의 가격은 어떻게 결정되고, 왜 변하는 걸까? 가격이 결정되는 과정을 살펴보기 전에 먼저 어떤 경우에 매매가 이루어지는지 생각해보자. 소비자가 사려고 하는 가격과 생산자가 팔고 싶은 가격이 일치할 때 거래가 성립된다.

그런데 두 가격이 만나는 조합은 다양하다. 앞의 예에서 살펴보면, 1만 원에 사고 싶은 사람과 1,000원에 팔고 싶은 사람이 만났을 때 가장 먼저 거래가 성립된다. 파는 사람은 1,000원에 팔겠다는데 1만 원에 사겠다는 사람이 나타났으니, 물건을 팔지 않을 이유가 없다.

그다음에는 9,000원에 사고 싶은 사람과 2,000원에 팔고 싶

수학은 어떻게 무기가 되는가

은 사람이 만났을 때, 이어서 8,000원에 사고 싶은 사람과 3,000원에 팔고 싶은 사람이 만났을 때에도 거래는 이루어진다. 하지만 판매자의 희망 가격과 소비자의 희망 가격의 차이는 점점 줄어든다.

그리고 마침내 소비자와 생산자의 희망 가격이 정확히 일치하는 지점에 도달한다. 그것이 표6의 교차점이다. 이후에는 더 싸게 사고 싶은 사람과 더 비싸게 팔고 싶은 사람이 있을 뿐이므로 거래가 성립하지 않는다.

중요한 점은 시장이란 물건의 가격을 결정하는 장소라는 사실이다. 1만 원에 사려는 사람과 1,000원에 팔려는 사람, 8,000원에 사려는 사람과 3,000원에 팔려는 사람이 각각 만나서 물건을 사고파는 것은 개별적인 거래이며, 시장에서 이루어지는 거래라고 할 수 없다. 시장에서는 많은 소비자와 많은 생산자들이 거래를 하는 가운데, 대부분의 소비자와 생산자가 인정하는 지점에서 가격이 결정된다. 그렇게 결정된 가격을 그래프로 표현한 것이 바로 수요와 공급 그래프가 교차하는 지점이다. 그리고 그것이 '물건의 가격은 어떻게 결정되는가?'라는 질문에 대한 대답이다.

하지만 물건의 가격이 항상 고정되어 있는 것은 아니다. 어제

1,000원이었던 가격이 오늘은 1,100원이 될 수도 있다. 그렇다면 물건의 가격이 변하는 이유는 뭘까? 물건의 가격은 '수요의 변화'과 '공급의 변화'라는 두 가지 요인에 따라서 변한다.

'수요의 변화'란 물건을 사고 싶어 하는 사람이 늘어났거나 줄어들었다는 의미이다. 그리고 '공급의 변화'란 생산자가 만드는 물건의 수가 늘어났거나 줄어들었다는 의미이다.

물건을 사려는 사람이 많아지면 가격이 올라간다. 반대로 사려는 사람에 비해 시장에 물건이 너무 많아지면 가격이 내려가며 할인 판매가 시작된다. 많은 사람들이 이런 사실을 감이나 느낌으로만 이해하고 있다. 이와 같은 가격의 변화를 '감각'이 아니라, '수요 곡선과 공급 곡선의 이동'이라는 관점에서 명확하게 생각하는 것이 사물을 수량적으로 파악하는 것이며, 경제의 기초이다.

물건 값이 내렸다고 좋아하는 문과 바보라면 집중!

물건의 가격이 변하는 이유를 감이 아니라 경제적인 시각에서 분명하게 이해하기 위해서는 '수요와 공급 그래프'를 알아야 한다.

사고 싶어 하는 사람이 늘어난다는 것은 수요 곡선이 오른쪽으로 이동한다는 의미이다.[표9 참조] 같은 물건에 대해 사고 싶어 하는 사람이 늘어났다는 것을 그래프로 나타내면 표9와 같이 수요 곡선이 오른쪽으로 이동한다. 수요 곡선이 오른쪽으로 이동하면, 수요 곡선과 공급 곡선이 교차하는 지점은 위쪽으로 이동한다. 이것은 물건의 가격이 오른다는 것을 의미한다.

반면에 사고 싶어 하는 사람이 줄어들면 반대로 수요 곡선은 왼쪽으로 이동한다.[표10 참조] 그러면 공급 곡선과 교차하는 지점은 아

|표 9| 사고 싶어 하는 사람이 늘어났을 때의 수요 곡선의 변화

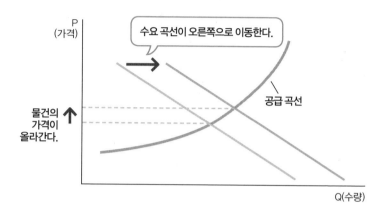

|표 10| 사고 싶어 하는 사람이 줄어들었을 때의 수요 곡선의 변화

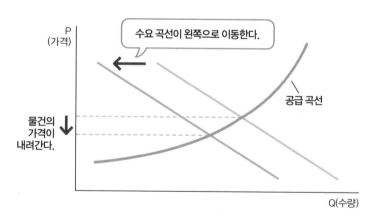

수학은 어떻게 무기가 되는가

래쪽으로 이동하고, 이것은 물건의 가격이 내려간다는 의미이다.

공급 곡선도 이와 같은 방식으로 생각해보자.

생산량이 늘어난다는 것은 공급 곡선이 오른쪽으로 이동한다는 뜻이다.[표11 참조] 사려는 사람의 수는 동일한데 물건의 수가 늘어나는 상황을 그래프로 나타내면 표 11과 같다. 공급 곡선이 오른쪽으로 이동하면 수요 곡선과 교차하는 지점은 아래쪽으로 이동한다. 즉 물건의 가격이 내려가는 것이다.

생산량이 줄어들면 그 반대가 된다. 공급 곡선은 왼쪽으로 이동한다.[표12 참조] 그러면 수요 곡선과 교차하는 지점은 위쪽으로 이동하며, 물건의 가격이 상승한다.

결과는 가격이 오르느냐 내리느냐 둘 중 하나이지만, 각각의 결과에 대한 원인은 수요의 변화 혹은 공급의 변화, 두 가지이다. 수요가 변해서 가격이 오를 수 있지만, 공급이 변해서 가격이 오를 수도 있다. 마찬가지로 수요가 변해서 가격이 내릴 수도 있고, 공급이 변해서 가격이 내릴 수도 있다. 하지만 실제로는 수요나 공급 어느 하나만 변하는 극단적인 상황은 발생하지 않으며, 수요 곡선과 공급 곡선이 모두 움직인다.

이처럼 가격 변동은 수요의 변화와 공급의 변화라는 두 가지

|표 11| 물건의 수가 늘어났을 때의 공급 곡선의 변화

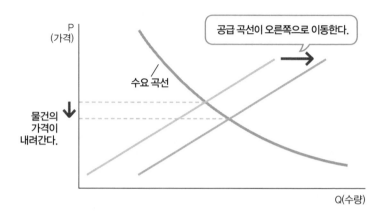

|표 12| 물건의 수가 줄어들었을 때의 공급 곡선의 변화

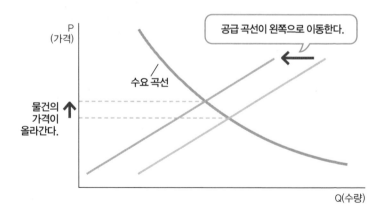

수학은 어떻게 무기가 되는가

메커니즘이 작용하면서 일어난다. 여기서 중요한 것은 어떤 상품의 가격이 올랐다는 현상 하나에 대해서도 왜 가격이 올랐는지 그 배경을 생각하는 자세이다. 이런 자세가 바로 '경제를 통해 세상을 읽는다'는 것이다.

어떤 상품의 인기가 높아졌다면 '수요 곡선이 오른쪽으로 이동했구나'라고 생각한다. 그리고 그 상품의 인기가 어느 정도인지를 근거로 '가격이 더 올라갈지도 몰라'라든가 '이 정도에서 가격이 안정되겠지'라고 예측도 할 수 있다. 이것이 바로 수량적으로 생각한다는 것이다.

인기가 높아졌는데 가격이 일정하게 유지되는 경우도 있다. 수요 곡선이 오른쪽으로 이동했지만 공급 곡선도 오른쪽으로 이동하면 가격은 변하지 않는다. 수량적인 사고방식을 가지면 수요가 늘었는데도 가격이 올라가지 않는 상황에서 그 이유를 추측할 수 있다. 상품을 만들고 있는 기업이 생산량을 늘리면 수요가 증가해도 가격은 올라가지 않는다.

가격이 오르는 이유를 기업의 입장에서 추측할 수도 있다. 원료 부족으로 공급량이 감소했거나 원료비가 급격하게 올라갔을 때에는 소비가 변하지 않아도 물건의 가격이 올라가게 된다.

수요 곡선과 공급 곡선에 따르면, 상품에 대한 인기는 변화가 없는데 가격이 오르면 팔리는 양은 감소한다. 따라서 기업이 타격을 입으리라고 예측할 수 있다. 이것은 가격이 싼 것이 당연한 상품이나 초저가 외식 체인점에서 자주 볼 수 있는 사례이다.

가격이 오르거나 내리는 현상을 보고 "값이 오르면 곤란한데…", "지난 주보다 싸졌으니 잘됐네"라는 말만 하는 것은 사회생활을 하는 사람이 가져야 할 자세가 아니다. 눈앞에서 일어나고 있는 가격 변동이 수요 곡선의 이동 때문인지 아니면 공급 곡선의 이동 때문인지, 이동의 폭은 각각 어느 정도인지 등을 생각하는 것이 세상의 움직임을 좀 더 적확하게 파악하는 지름길임을 잊어서는 안 된다.

수학은 어떻게 무기가 되는가

라면과 명품의
수요 곡선이 같다는 사실

우리가 장바구니 물가를 이야기하는 것도 경제이고, 수출이나 수입 혹은 실업률을 걱정하는 것도 경제이다. 이처럼 경제를 보는 데에는 두 가지 시각이 있다. '미시 경제'와 '거시 경제'이다. 한번쯤은 들어본 적이 있겠지만, 대부분은 경제 전문가들이나 하는 말이라 여기고 흘려들었을 것이다. 하지만 전체적인 경제의 흐름을 알기 위해서는 미시 경제와 거시 경제가 무엇을 의미하는지 간단하게 알아둘 필요가 있다.

미시 경제학은 개인이나 한 가지 상품, 회사, 업계 등 개별 사안을 따로 분리해서 하나씩 생각하는 것이다. 반면에 거시 경제학은 사회 전체의 경제 활동을 생각하는 것으로, 국가의 경제 정책을 생각할 때 필요한 이론이다. 거시 경제학에서는 숫자를 바탕으로 사회 전체의 돈의 흐름을 생각하기 때문에 추상적이고 이해하기 쉽지 않다. 따라서 일반인에게는 '교양'에 해당하므로 대략적인 개념만 알아두는 것으로 충분하다.

  우선 미시 경제란 무엇인지 살펴보자. 미시 경제에서 사용하는 용어를 모르면 거시 경제의 이미지를 파악하기가 어렵기 때문이다. 미시 경제를 생각한다는 것은 개개의 상품(물건이나 서비스), 개개의 소비자처럼 좁은 범위의 경제 활동을 생각한다는 말이다. 반경 1미터 안만을 바라보는 경제라고 생각하면 된다. 따라서 미시 경제에서 '가격'이라고 하면 대부분 상품 하나하나의 가격을 의미한다.

  앞에서 가격이 수요 곡선과 공급 곡선의 이동을 통해서 결정되고 변한다는 것은 이미 설명했다. 하지만 한 가지 더 알아두어야 할 것이 있다. 수요 곡선과 공급 곡선이 어떤 형태를 띠는지는 상품의 성격에 따라 다르다는 사실이다. 그중에는 가격이 얼마가 되었든 수요량이 변하지 않는 것, 다시 말해 가격이 비싸든 싸든 소비자가 살 수밖에 없는 상품이 있다. 생활필수품이라고 부르는 상품이다. 생활필수품은 가격이 변한다고 해도 판매량에

수학은 어떻게 무기가 되는가

▮표 13▮ 생활필수품의 수요 곡선

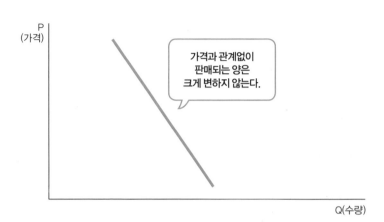

▮표 14▮ 기호품이나 사치품의 수요 곡선

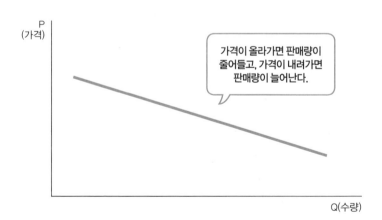

변화가 거의 없는데, 이것을 '가격 탄력성이 낮다'라고 한다. 그리고 생활필수품의 수요 곡선은 수직에 가깝다.[표13 참조]

반면에 기호품이나 사치품 등은 가격이 오르면 수요가 급속히 감소한다. 이런 상품은 가격에 따라 판매량이 급격하게 달라진다. 이것을 '가격 탄력성이 높다'라고 말하며, 이런 상품의 수요 곡선은 수평에 가깝다.[표14 참조]

수요 곡선이 수직에 가까우면 가격이 크게 변해도 팔리는 양은 그다지 변하지 않으며, 수요 곡선이 수평에 가까우면 가격의 변화에 따라 팔리는 양이 크게 달라진다.

앞에서 예로 든 라면 전문점과 파스타 집을 생각해보면 라면의 수요 곡선은 수평에 가깝다.[표14 참조] 가격을 조금만 올려도 팔리는 양이 크게 감소하기 때문이다. 반면에 파스타의 수요 곡선은 가격을 올려도 판매량이 줄어들지 않으므로 수직에 가깝다.[표13 참조] 따라서 라면 가격을 인상하는 것은 불가능하지만 파스타는 가격을 올릴 수 있다.

다시 말해 '가격 탄력성이 높다'는 것은 라면 전문점 같은 경우를 가리키며, 기호품이나 사치품과 비슷한 수요 곡선을 그린다. '가격 탄력성이 낮다'는 것은 인기 파스타 집 같은 경우로, 생활필수품과 비슷한 수요 곡선을 그린다. 경제학적으로 말하면

라면 전문점의 라면은 사치품과 비슷한 것이다. 이는 우리가 일반적으로 생각하는 것과는 정반대이다. 이처럼 수요 곡선과 공급 곡선으로 판단하면 우리가 가지고 있는 오류나 편견을 쉽게 파악할 수 있다. 이런 사실만 알아도 시장을 바라보는 시각은 완전히 달라질 것이다.

다만 모든 소비자가 똑같이 행동하는 것은 아니기 때문에 '절대'는 없다. 라면 전문점에도 '가격이 오르더라도 난 이 가게를 가겠어'라고 생각하는 단골은 있기 마련이며, 인기 파스타 집에도 '가격이 오르면 가지 않겠어'라는 손님이 있다. 따라서 라면 전문점의 수요 곡선이 완전히 수평이 되지는 않으며, 인기 파스타 집의 수요 곡선이 완전히 수직이 되지는 않는다.

앞에서 가격 변동의 요인에 관해 "수요 곡선과 공급 곡선 중 어느 하나만이 변하는 극단적인 일은 일어나지 않으며 양쪽 모두가 변한다"라고 설명했는데, 현실에서는 수요 곡선이 이동하는 경우가 더 많다. 수요의 변화는 개인의 취향이나 기호에 영향을 많이 받는데, 사람의 취향이나 기호는 수시로 변하기 때문이다. 그러나 공급의 경우, 기업이 생산하던 물건을 1년 만에 생산 중단하는 경우는 거의 없다. 기업은 생산이 중단되지 않도록 여러 가지 면에서 꾸준한 노력을 기울인다. 예를 들어 원재료를 확보하지 못한다면 생산량을 줄일 수밖에 없기 때문에 그런 개점 휴업 상태가 되지 않도록 원재료의 공급원을 다각화하는 등의 대책을 마련한다. 다시 말해 수요 변화에 비하면 공급 변화는 안정적이라고 할 수 있다. 그렇다고 공급이 전혀 변하지 않는 것은 아니다. 원재료비가 급등해서 원가가 상승하는 바람에 가격을 인상하거나 생산량을 줄일 수밖에 없는 경우도 있다.

어떤 계기로 기업의 생산량이 크게 변화할지 알 수 없으니 '수요와 공급은 양쪽 모두 움직인다'라는 원칙은 항상 기억해두어야 한다.

수학은 어떻게 무기가 되는가

라면 가격이 오른다고
인플레이션은 아니다

지금까지 가격을 결정하는 수요와 공급의 이야기를 알아보았다. 이것을 전문적으로는 '가격 이론'이라고 하는데, 이것은 미시 경제학의 핵심이다. 가격이 결정되고 변하는 원리를 이해하려면 이것을 알아야 한다.

미시 경제학에서 말하는 수요와 공급은 상품 하나하나의 수요와 공급을 말한다. 이에 따라 결정되는 것이 물건의 가격이며, 이것을 '개별 물가'라고 한다.

반면에 거시 경제에서는 하나의 물건이나 물건 한 개의 가격이 아니라 세상 전체를 대상으로 한다. 거시 경제에서 수요는 세상의 모든 수요를 더한 '총수요(Aggregate Demand)'를 가리킨다.

마찬가지로 거시 경제에서의 공급은 세상의 공급을 전부 더한 '총공급(Aggregate Supply)'을 의미한다. '총수요와 총공급이 세상의 물가를 결정한다'라는 것이 거시 경제이다.

이처럼 거시 경제에서 본 세상 전체의 물가를 '일반 물가'라고 한다. 그리고 일반 물가가 계속 오르는 현상을 인플레이션, 일반 물가가 계속 내리는 현상을 디플레이션이라고 한다. 인플레이션과 디플레이션은 거시 경제에서 사용하는 개념으로, '총수요'와 '총공급'에 따라서 결정되는 '일반 물가'를 기준으로 판단한다.

일반 물가는 모든 개별 물가의 평균값 같은 것으로, 특정 상품 한두 개의 가격 흐름을 가지고 파악할 수 있는 것이 아니다. 개별 물가가 하락해도 디플레이션이라고는 말할 수 없으며, 개별 물가가 상승해도 인플레이션이라고는 말할 수 없다. 따라서 특정한 상품의 가격 하락에만 주목해서 "디플레이션이다"라고 호들갑을 떠는 것은 개별 물가와 일반 물가의 차이를 모르는 경제 초보들이나 하는 짓이다. 마찬가지로 앞에서 말했듯이 "라면 전문점이 계속 가격을 내리는 것을 보니 디플레이션이 아직 끝나지 않은 것이 실감난다"라는 말은 미시 경제와 거시 경제를 구분하지 못하는 데서 오는 오해이다.

거시 경제에서도 미시 경제와 마찬가지로 경제의 기본인 '수요와 공급 그래프'가 있다. 그러면 거시 경제와 미시 경제에서 '수요와 공급 그래프'는 어떤 점에서 다른 걸까?

미시 경제학에서 '가격'을 의미하던 세로축의 P(Price)는 거시 경제학에서 '물가(일반 물가)'를 가리킨다. 그리고 미시 경제학에서 수량(팔리는 개수)을 가리키던 가로축의 Q(Quantity)는 생산량, 즉 '실질 GDP(실질 국내 총생산)'가 된다.

실질 GDP 말고 '명목 GDP'라는 말도 들어본 적이 있을 것이다. GDP에는 실질과 명목의 두 가지가 있다. 예를 들어 작년의 GDP가 10억 원이고 올해의 GDP가 11억 원이었다면 단순 계산으로 10퍼센트 성장한 셈이 된다. 이것을 '명목 GDP' 성장률이라고 한다. 그러나 1년 사이에 물가가 변했으므로 작년과 올해를 단순 비교할 수는 없다. 올해의 1만 원과 작년의 1만 원의 가치가 같지 않기 때문이다. 따라서 '10퍼센트 성장했다'라고 했을 때 명목 GDP 성장률은 정확한 실제 경제 성장률이라고 볼 수 없다. 말 그대로 '명목'상의 성장률인 셈이다.

정확한 경제 성장률을 파악하려면 물가 변동률이 반영되어야 하는데, 물가 변동률을 반영한 성장률이 바로 '실질 GDP 성장률'이다. 예를 들어 물가가 5퍼센트 올랐다면, 10퍼센트 성장했다는 명목 GDP는 실질 GDP 성장률로는 5퍼센트가 된다. 따라서 위의 예에서 올해의 실질 GDP는 10억 5,000만 원이 된다.

좋은 인플레이션 vs.
나쁜 인플레이션

앞에서 설명했듯이 어떤 상품의 가격이 올랐을 때, 그 원인은 두 가지로 생각해볼 수 있다. 수요 곡선이 오른쪽으로 이동했거나 공급 곡선이 왼쪽으로 이동한 것이다. 이것은 거시 경제에서의 물가도 마찬가지다. 즉, 인플레이션에도 두 가지 요인이 있다. 총수요 곡선이 오른쪽으로 이동해서 일어나는 인플레이션과 총공급 곡선이 왼쪽으로 이동해서 인플레이션이 되는 경우이다.

총수요 곡선이 오른쪽으로 이동해서 일어나는 인플레이션을 '수요 견인 인플레이션(Demand-pull inflation)'이라고 한다. 수요 견인 인플레이션의 경우에는 생산량(실질 GDP)도 증가한다. 이른바 호경기 상태이다. 소비자들의 심리가 더 사고 싶다는 쪽으로 기울어서 소비자가 지갑을 열고 더 많은 물건이 팔리면서 물건의 판매가 증가하는 것이다.

반대로 총공급 공선이 왼쪽으로 이동해서 일어나는 인플레이션을 '비용 인상 인플레이션(Cost-push inflation)'이라고 한다. 이경우 일반 물가가 계속 상승하고 있다는 현상은 같아도 생산량(실질 GDP)은 감소한다. 이것은 공급을 위한 비용이 상승함으로써 총공급 곡선이 왼쪽으로 이동한 상황이다. 다시 말해 원재료비나 운송비 등이 상승하면서 생산량이 줄어든 것이다.

비용 인상 인플레이션은 나쁜 인플레이션이다. 이것을 방치하면 국민은 높은 물가에 시달리고, 제조사는 많은 비용을 들여서 상품을 만드는데 팔리지 않는 상황이 된다.

이런 상황이 되지 않도록 인플레이션으로 기울면 디플레이션으로, 디플레이션으로 기울면 인플레이션으로 만들어서 적당한 수준으로 경제 성장을 유지하는 것이 정부의 역할이다. 이 일을 '경제 정책'이라고 한다. 참고로, 미시 경제의 '개별 가격'에 대해 정부는 원칙적으로 개입하지 않는다. 이 경우 '개별 품목에 관해서는 시장의 경쟁에 맡긴다'라는 표현을 사용한다.

인플레이션 혹은 디플레이션으로 지나치게 기울어서 경제 상황이 나빠졌을 때, 정부는 다양한 경제 정책을 실시한다. 그중에서 중앙은행이 실시하는 것을 '금융 정책', 정부가 직접 실시하는 것을 '재정 정책'이라고 한다. '금융 정책'과 '재정 정책'은 모두 총수요 곡선과 총공급 곡선을 어떻게 움직일 것인지의 문제이다. 앞에서 인플레이션이 되는 메커니즘을 설명했는데, 정부와 중앙은행은 이 메커니즘을 이용해서 인플레이션 또는 디플레이션을 조작한다.

　'총공급량'은 세상의 온갖 물건이나 서비스의 공급량을 가리킨다. 따라서 총공급량을 조절한다는 것은 쉽게 이해할 수 있을 것이다. 그렇다면 총수요는 어떻게 조절하는 걸까? 총수요란 '소비+투자+정부 수요+수출-수입'을 말한다. '소비'는 소득으로 물건이나 서비스를 사는 것을 가리킨다. '투자'는 소득에서 소비를 뺀 나머지의 저축, 즉 예금이나 주식 투자 등을 가리킨다. '정부 수요'란 정부가 실시하는 공공 투자 등을 말한다. 다시 말해 정부 또한 수요자이며, 소비자 중 한 명인 것이다. 그리고 '수출'은 해외에 제품을 파는 것으로, 팔면 소득이 되므로 총수요에 더한다. '수입'은 해외에서 제품을 사는 것으로, 사면 소득에서 빠져나가므로 총수요에서 제외된다.

　따라서 공공 투자라든가 수출을 늘리기 위한 대책 같은 것이 모두 총수요를 늘리기 위한 방법임을 여기에서 알 수 있다.

　　　　　　　　　　　수학은 어떻게 무기가 되는가

나만 모르는,
정부가 가격을 조종하는 두 가지 방법

뉴스나 신문 기사를 보면 디플레이션과 불황을 같은 의미로 사용하는 경우를 볼 수 있는데, 이는 언론이 경제에 대해 얼마나 무지한지를 단적으로 보여주는 것이다. 디플레이션은 물가가 하락하는 것이고, 불황은 GDP(국내총생산)가 마이너스가 되는 것이다. 이 둘은 전혀 다른 경제 현상이다. 디플레이션은 '가격'의 이야기이고, 불황은 '양'의 이야기이다.

디플레이션이라고 해서 반드시 불황인 것은 아니며, 불황이라고 해도 반드시 디플레이션이 되는 것도 아니다. 하지만 사람들이 디플레이션을 곧 불황이라고 생각하는 이유는 이해할 수 있다. 물가가 계속 하락하는 디플레이션이 계속되면 고용이 줄어들고 설비 투자가 감소하기 때문이다.

　그렇다면 디플레이션이 되면 고용이 줄고 투자가 감소하는 이유는 무엇일까? 그것은 고용과 관련된 임금 그리고 설비 투자와 관련된 금리에는 '하방 경직성'이 있기 때문이다. 어려운 말로 표현했지만, 쉽게 말하면 임금과 금리가 내려가는 데에는 한계가 있다는 말이다. 노동자는 생활이 걸려 있으므로 임금이 떨어지는 것을 쉽게 받아들이지 않는다. 은행의 금리도 마찬가지이다. 은행도 이자가 높을수록 예금액이 늘어나므로 이자율을 떨어뜨리지 않으려 한다. 이처럼 임금과 이자는 하방 경직성 때문에 다른 물건에 비해 가격이 많이 떨어지지 않는다. 다른 물건의 가격은 내려가는데 그에 비해 임금과 이자율이 내려가지 않으면, 실질 임금과 이자율은 자연스럽게 올라간다. 임금이 올라가니 결국 기업에서는 더 이상 고용을 하지 않고 이자율이 올라가니 은행에서 돈을 빌려 설비 투자도 하지 않는다. 이렇게 해서 고용의 감소나 설비 투자 감소가 일어나는 것이다.

　디플레이션이 일어나면 정부는 총수요 곡선을 오른쪽으로 이동시켜서 인플레이션이 일어나는 방향으로 경제 흐름을 전환할 수 있는 정책을 실시한다. 이런 정책으로는 크게 재정 정책과 금융 정책이 있다. 좀 더 구체적으로 말하면, 재정 정책으로는 '감세'와 '재정 지출'을, 금융 정책으로는 '금융 완화'를 들 수 있다.

재정 정책인 감세는 당연히 소비에 영향을 끼친다. 세금이 줄어들면 소득이 늘어나고, 그러면 사람들은 더 쉽게 지갑을 열게 된다. 재정 지출은 정부가 공공 투자를 하는 것으로, 이는 곧 '정부 수요'가 늘어난다는 의미이다.

금융 정책인 금융 완화란 중앙은행에서 금리를 인하하거나 돈을 많이 찍어내서 시장에 돌아다니는 돈의 양을 늘리는 것이다. 우선 중앙은행이 금리를 낮추면, 민간의 금리도 인하되어 기업이나 개인이 돈을 빌리기 쉬워진다. 그러면 투자가 증가한다. 또 중앙은행이 돈의 양을 늘리면 '원화'의 양이 늘어나는데, 이것은 곧 원화의 가격이 떨어진다는 것을 의미한다. 이것이 '원화 약세'이다. 원화의 가격이 떨어지면 수출하는 상품의 가격은 떨어지고 수입하는 상품의 가격은 올라가서 수출이 늘어나고 수입은 감소한다. 이처럼 금융 완화는 금리를 통해서 투자에, 환율을 통해서 수출입에 영향을 주는 정책이다.

한마디로 말해 재정 정책과 금융 정책은 총수요를 구성하는 '소비', '투자', '정부 수요', '수출입' 하나하나에 영향을 끼쳐 총수요 곡선을 오른쪽으로 이동시키는 정책이다. 이런 정책이 시행되면 물가도 실질 GDP도 상승한다.

이와는 반대로 경기가 과열되어 조금 식히는 편이 나을 때는 반대의 정책을 실시한다. 요컨대 '증세', '재정 긴축', '금융 긴축'을 실시하면 총수요 곡선은 왼쪽으로 이동하고, 물가와 실질 GDP도 하락한다.

'수요 곡선을 오른쪽이나 왼쪽으로 이동시킨다'라는 개념만 알고 있으면 지금 정부가 실시하고 있는 경제 정책의 목적이 무엇인지 금세 알 수 있다. 반면에 정부가 금융 완화를 하고 있는 와중에 증세를 실시하는 등 도저히 이해할 수 없는 정책을 편다면, 그에 대해 논리적으로 비판할 수도 있다.

수학은 어떻게 무기가 되는가

실업도 수요와 공급으로
해결이 가능하다

미시 경제에서 가장 중요한 것이 물건의 가격이라면, 거시 경제 정책에서 가장 중요하게 생각하는 것은 '고용'이다. 고용의 문제는 두 가지로 나눌 수 있다. 하나는 '얼마나 많은 사람이 고용되었는가'이고, 또 다른 하나는 고용된 사람들이 '급여를 얼마나 받을 수 있는가'이다.

우선 얼마나 많은 사람이 고용되었는지를 나타내는 고용률에 대해 알아보자. 고용 또한 일반 상품처럼 수요와 공급 그래프로 이해할 수 있다. 고용의 수요와 공급 그래프에서 세로축의 P는 '임금', 가로축의 Q는 '고용량'이 된다. 고용의 수요 그래프도 일반 상품의 수요 그래프와 마찬가지로 오른쪽으로 갈수록 내려간다. 하지만 고용의 공급 곡선은 상품의 공급 곡선과 달리 일정 지점에서 수직으로 올라간다. 상품은 무한대로 생산할 수 있지만 노동을 할 수 있는 인구는 정해져 있기 때문이다. 다시 말해 고용의 공급량에는 한계가 있기 때문에 일정 지점에서는 수직이 되는 것이다.

노동의 수요와 공급이 정확히 일치할 경우, 수요 곡선과 공급 곡선은 공급 곡선이 수직이 되는 지점에서 만난다. 이론적으로 말하면 이 상태가 실업자가 한 명도 없는 완전 고용의 상태이다. 이 지점에서 노동의 수요가 높아져서 수요 곡선이 오른쪽으로 이동하면 임금이 치솟게 된다. 일자리는 많은데 일을 할 사람은 부족하니 임금이 올라가는 것이다. 그러나 실제로는 공급 곡선이 수직이 되는 지점에서 수요 곡선과 공급 곡선이 만나는 일, 다시 말해 실업자가 없는 완전 고용의 상태는 좀처럼 일어나지 않는다. 대체로 노동의 수요 곡선은 노동의 공급 곡선이 수직이 되는 지점보다 왼쪽에서 공급 곡선과 교차한다. 따라서 수요 곡선과 공급 곡선이 교차하는 지점과 공급 곡선이 수직이 되는 지점과의 사이에 차이가 발생한다. 이 차이가 실업자의 수이다.

실업 문제를 해결하기 위한 방법에도 재정 정책과 금융 정책이 있다. 재정 정책으로 정부가 공공사업을 실시하면 고용의 수요가 증가한다. 그래프에서 보면 노동의 수요 곡선이 오른쪽으로 이동하면서 공급량이 증가하고 임금도 상승하는 것이다. 금융 정책으로 금리를 낮추면 기업이 은행에서 돈을 빌리기 쉬워지고 기업은 빌린 돈으로 설비 투자를 한다. 그에 따라 노동 수요가 상승하고, 그래프에서 수요 곡선은 오른쪽으로 이동한다.

그렇다면 고용의 또 다른 문제인 임금은 어떨까? 앞에서 설명했던 '명목 GDP'와 '실질 GDP'와 마찬가지로 임금에도 '명목 임금'과 '실질 임금'이 있다. 명목 GDP에 물가 변동률을 반영한 것을 실질 GDP라고 했듯이, 실질 임금 또한 명목 임금에 물가 변동률을 반영한 것이다. 국민 총소득을 고용자 총수로 나눈 다음, 다시 물가 지수로 나눈 것이 실질 임금이다.

여기서 분명히 알아두어야 할 것은 실질 임금은 인력이 더욱 부족하게 되며 경제 성장이 본격화될 때 비로소 오르기 시작한다는 사실이다. 역사적으로 볼 때 디플레이션에서 완전히 벗어나지 못하면 실질 임금은 오르지 않았다. 즉, 실질 임금 상승을 위해서는 앞에서 말했던 재정 정책이나 금융 정책이 아니라 디플레이션에서 벗어나는 것이 급선무라고 할 수 있다.

인구와 경제의
상관관계가 뭐길래?

최근에 저출산이 앞으로 경제에 큰 부담이 될 것이라는 내용의 기사를 자주 접할 수 있다. 하지만 인구 감소를 위기로 생각하는 논리가 과연 올바른 것일까?

2019년 통계청 발표에 따르면, 한국이 지금과 같은 추세로 인구가 줄어들 경우 약 50년 후인 2067년 총인구는 1982년 수준인 3,929만 명이 될 것이라고 한다. 그리고 이 발표를 근거로 저출산에 따른 인구 감소는 경제에 지대한 영향을 미칠 것이라며 호들갑을 피우는 사람이 많다. 하지만 과연 그들의 주장이 사실인지 천천히 생각해보자.

수학은 어떻게 무기가 되는가

인구는 출산율과 사망률에 따라서 결정된다. 일반적으로 출산율이라고 하면 여성 한 명이 출산 가능하다고 여겨지는 15세부터 49세 사이에 낳은 자녀의 수의 평균(합계 출산율)을 가리키며, 선진국의 출산율은 계속 낮아지는 추세이다. 통계청의 인구동향 조사에 따르면, 한국의 2018년의 출생아 수는 전년보다 3만 명 정도 적은 약 32만 명이며, 합계 출산율은 0.98로 2015년 이후 지속적으로 하락하여 역대 최저치를 경신했다.

인구가 계속 감소하지 않으려면 합계출산율이 적어도 2.1명은 되어야 한다고 하며, 한때 정부에서도 2020년 출산율 목표를 1.5명으로 잡기도 했다. 많은 사람들이 출산율 저하로 인한 인구 감소에 대해 걱정을 하지만, 인구가 증가한다고 국민의 생활이 더 나아지지 않는다는 것이 나의 개인적인 생각이다.

인구 감소 위기론이란 요컨대 인구 증가 행복론인데, 특히 지방 공공 단체 등에서 이런 의견을 강하게 주장하는 경우가 있다. 지방의 인구가 줄어들면 규모를 최적화하고 행정 효율을 높이기 위해 지방 행정 구역의 합병이 실시될 수밖에 없다. 한마디로, 인구가 줄어드는 지방 단체들은 생존을 걱정할 수밖에 없다. 따라서 그런 이들에게 인구 감소는 치명적일 수밖에 없고, 그들이 위기론을 이야기하는 것은 당연하다 할 수 있다.

좀 더 우리와 가까운 문제를 예로 들어 보자. 많은 사람들이 인구가 감소할 때 발생할 수 있는 문제로 국력의 저하를 꼽는다. 여기서 말하는 '국력'을 국방이나 치안, 방재 기능 등의 '국방력'이라고 생각하면, 젊은이가 줄어들 경우 분명히 일정 정도 영향이 있을지도 모른다. 생산 연령 인구가 감소하면 생산력이 하락하므로 국가경쟁력도 떨어진다고 말할 수 있을 것이다. 하지만 인구 감소 위기론을 주장하려면 인구 감소가 국가 생산력에 어떤 영향을 주는지 먼저 살펴봐야 한다.

국력은 국내총생산(GDP)과 밀접한 관계가 있다. GDP는 알기 쉽게 말하면 '모두의 평균 급여×총인구'이다. 따라서 인구가 감소하면 GDP도 감소하는 것은 당연하다. 생각해야 할 점은 통계청의 예상대로 인구가 3,929만 명이 되었을 때, GDP가 실제로 얼마나 감소할 것인가이다.

이 문제는 상황을 수량적으로 이해하지 못하면 절대 대답할 수 없다. 인구 감소 위기론을 주장하는 이들도 대부분의 경우 인구 감소에 따른 영향을 수량적으로 이해하지 못하고 있다. 결론을 먼저 말하자면 인구의 증감은 거시 경제 지표에는 거의 영향을 끼치지 않는다. 인구의 증감과 1인당 GDP의 증감은 거의 관계가 없는 것이다.

그렇다면 미시 경제, 즉 민간 기업의 경제 활동에 끼치는 영향

수학은 어떻게 무기가 되는가

은 어떨까? 이 또한 미시 경제에 미치는 영향은 거의 없다. 가령 출판업의 경우, 인구가 증가했다고 해서 단순히 독자가 증가하지는 않는다. 반대로 독자가 감소하는 이유를 인구 감소의 탓으로는 돌릴 수 없다. 인구 증가 시대에도 독자의 지지를 받지 못해 도산한 출판사가 있을 것이다.

인구가 감소한다고 해도 재미있는 책을 계속 내놓는다면 사업 규모는 줄어들지 몰라도 매출을 높일 수는 있을 것이다. 이것은 요식업이나 제조업, 다른 어떤 업종도 마찬가지다. 즉, 인구의 증감이 경제 활동에 영향을 끼친다는 것은 단순한 선입견에 불과하다. 특히 일상생활에는 전혀 영향이 없다.

인구가 감소하면서 인구 구성이 바뀌는 것이 경제에 마이너스로 작용한다는 이른바 '인구 오너스(Onus)'로 GDP가 하락하는 것은 누구나 예측할 수 있는 사실이다. 그러나 이에 대한 해결책도 분명 존재한다. 예를 들어 아직 일하고 싶어 하는 고령자를 적극적으로 채용할 수 있고, 인공 지능(AI)으로 생산성을 높일 수도 있다. 그리고 이런 상황은 일반인들에게 결코 나쁜 일이 아니다. 이미 설명했듯이, 일손 부족할 때 비로소 실질 임금이 상승하기 때문이다.

반면에 인구 감소로 인한 인구 구성의 변화가 경제에 플러스로 작용하는 '인구 보너스'의 측면도 있다. 기존보다 적은 노동을 투입하면서도 동일한 생산량을 유지할 수 있는 노동 절약적인 기술의 발달이 이루어질 수 있다. 또한 지적 생산 업무의 비율이 높은 산업 중심으로 산업 구조가 변하면서 그 분야의 발전을 기대할 수 있다. 저출산으로 인한 인구 감소는 분명 경제 성장에 상당 부분 영향을 미칠 것이다. 하지만 그것은 새로운 발상으로 충분히 극복할 수 있을 것이다.

＋× 수학을 무기로 만드는 비법 √÷

- "디플레이션 때문에 라면 값이 내렸어"라는 말은 경제학의 초보임을 인정하는 말이다.

- 모든 경제는 '수요 곡선', '공급 곡선'의 그래프로 이야기할 수 있다.

- '거시 경제'는 정부의 경제 정책에 필요한 이론이며, '미시 경제'는 반경 1미터의 좁은 범위만을 보는 경제 이론이다.

- 디플레이션은 불황과 다르며, 디플레이션의 문제점은 고용과 투자가 줄어드는 것이다.

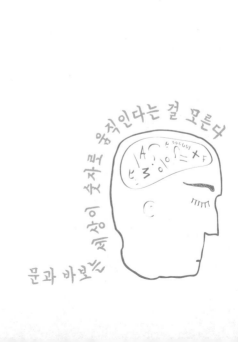

문과 바보는 세상이 숫자로 움직인다는 걸 모른다

제3장

일 잘하는 사람의
경쟁력은
숫자에서 나온다

성공하는 프레젠테이션의
비결은 모두 숫자

회사에서 상품에 대한 새로운 판매 계획을 세우거나 새로운 기획을 제안할 때 프레젠테이션을 준비한다. 이때 프레젠테이션의 질을 좌우하는 결정적인 요소는 무엇일까? 이 질문에 답을 하기 위해서는 먼저 프레젠테이션의 목적이 무엇인지를 생각해봐야 한다. 프레젠테이션의 목적은 현재의 문제점을 명확하게 드러내고 해결책을 제시하는 것이다. 그런데 이것이 바로 통계의 사고방식과 일치한다. 따라서 통계를 알고 모든 흐름을 수량적으로 생각할 수 있는 수학적 사고방식이 있느냐 없느냐에 따라 프레젠테이션의 질에도 결정적인 차이가 발생한다고 할 수 있다.

일반적으로 프레젠테이션에서는 "이 안건에 대한 과제는 세

수학은 어떻게 무기가 되는가

가지를 들 수 있습니다"라든가 "이 사업의 문제점을 정리하면 네 가지가 됩니다"와 같은 말을 하는 경우가 많다. 이때 '세 가지 과제'라든가 '네 가지 문제점'이라고 하는 것은 정확한 통계적 사고를 바탕으로 분석한 것이어야 한다. 그런데 프레젠테이션 담당자에게 통계적으로 사고하는 능력이 부족하면, 담당자의 막연한 느낌으로 문제점이나 대안을 제시할 수밖에 없다.

그렇다면 통계는 왜 필요하고, 그 목적은 무엇일까? '통계'의 목적은 크게 두 가지이다.

하나는 사람들의 경험을 요약함으로써 그 본질을 이해하는 것이고, 다른 하나는 요약된 사실을 바탕으로 그 밖의 상황이나 미래에 어떤 결과를 얻을 수 있을지 추정하고 예측하는 것이다.

통계의 대전제는 모든 '경우'를 과부족 없이 준비하는 것이다. 이때 '과부족 없이'라는 것은 단순히 많아도 안 되고, 적어도 안 된다는 의미가 아니다. 어떤 경우를 빼먹어서는 안 되고, 똑같은 경우를 서로 다른 것으로 분류해서도 안 되며, 다른 경우를 같은 것이라고 착각해서도 안 된다.

간단하게 설명하기 위해 한 가지 예를 들어보자. 1부터 6까지의 숫자가 적힌 카드 6장이 있다. 이 가운데서 3장을 고를 때, 그 조합의 가짓수는 몇 개일까? 답은 20가지이다. 이것을 정확하게 알아보는 방법은 1-2-3, 1-2-4, 1-2-5, … 와 같이 모든 조합의 경우를 전부 적어보는 것이다. 이때 1-2-3의 조합을 두 번 세서도 안 되고, 1-2-4를 빼먹어서도 안 된다. 이처럼 모든 경우를 정확하게 파악해서 고려하는 것이 바로 '과부족 없이' 생각하는 것이다. 그런데 이 문제를 놓고 '순열 조합의 공식이 뭐였더라?'라며 공식을 먼저 생각하는 사람은 느낌으로만 경우를 다루는 사람이라고 할 수 있다.

나는 대학에서 수학을 전공했지만 공식은 거의 외우고 있지 않다. 어떤 문제에 대해 어느 방향으로 생각할 때 답이 나오는지를 알고 있으면, 공식 따위는 기억하고 있지 않아도 문제를 풀 수 있다.

모든 수학이 그렇듯이 통계적 사고방식을 갖는다는 것은 공식을 외우는 것이 아니라, 모든 경우를 과부족 없이 생각할 수 있는 논리력과 사고력을 갖춘다는 것이다. 그리고 이것이 바로 훌륭한 프레젠테이션의 기본이다. 따라서 훌륭한 프레젠테이션을 위해서는 논리적으로 과부족 없이 모든 상황과 경우를 정리해야 하고, 이때 반드시 필요한 것이 통계적 사고방식이다.

이 장에서는 논리력의 기본이 되는 통계의 기본에 대해 하나씩 살펴볼 것이다. 통계는 회계나 경제보다는 조금 더 복잡한 수

수학은 어떻게 무기가 되는가

식이 필요하지만, 결코 어렵지 않으니 차근차근 읽어나가면 쉽게 이해할 수 있을 것이다.

이과 천재라고
통계를 잘하는 것은 아니다

통계에 대해 구체적으로 이야기하기 전에 통계의 목적이 무엇인지 좀 더 구체적으로 생각해보자. 간단히 말해서 통계학이란 모든 것을 조사하지 않고 표본 샘플을 조사한 데이터만으로 전수조사와 가까운 수치를 얻을 수 있는 이론과 기술이다. 가까운 예로는 시청률 조사나 선거 결과를 미리 예측하는 출구 조사가 여기에 속한다.

적은 비용과 적은 노력으로 정확한 전체상을 파악할 수 있다는 것이 통계학의 우수하고 실용적인 점인데, 이때 통계 결과의 정확도는 표본을 어떻게 선택하느냐에 따라 결정된다. 가령 시청률 조사에서 표본이 20대에만 편중되어 있으면, 20대가 좋아

수학은 어떻게 무기가 되는가

하는 프로그램에 대한 선호도가 실제보다 높아지며 정확하지 않은 결과가 나온다. 이것을 '편향이 발생했다'라고 말한다.

통계학은 편향이 걸리지 않은 샘플을 대상으로 조사를 하는 것이 기본적인 전제이다. 편향이 발생했는지 아닌지를 판단하거나 어떻게 하면 편향이 발생하지 않을지를 연구하는 것도 통계학의 한 부분이다. 그리고 샘플을 조사하여 수집된 수치를 다루려면, 즉 통계적으로 데이터를 분석하려면 통계학의 전문적인 지식이 필요하다. 통계의 전문가가 아니고서는 올바른 조사 결과를 얻을 수 없다는 말이다.

수학에 자신이 있다고 해서 누구나 통계학을 할 수 있는 것은 아니다. 수학 전문가에게도 통계는 쉽지 않은 분야이다. 통계란 어떤 것인지 알려고 할 때조차도 수식이 대전제가 되기 때문에 수학에 익숙하지 않은 사람들에게는 어려운 이야기가 많겠지만, 일단 '이런 것이구나' 정도만 받아들이면서 읽어나가면 큰 어려움 없이 통계적 사고를 이해할 수 있을 것이다. 그리고 통계적 사고방식을 이해하고 나면 경제나 사회 문제를 바라보는 시각도 달라질 것이다.

오차가 있는 통계를
업무에 사용할 때 알아둘 것

뉴스를 보면 "통계에 따르면"이라는 표현을 종종 들을 수 있다. 뿐만 아니라 이 표현은 회사 업무에서도 자주 사용된다. 그러나 어떤 통계 결과를 보며 그 결과를 참고만 해야 할지, 아니면 완전히 신뢰하고 이용해야 할지를 제대로 파악하고 있는 사람은 많지 않다. 업무에서 어떤 부분에 대해 통계를 내서 조사를 해보기로 했을 때에도 마찬가지이다. 어느 정도의 규모로 통계 조사를 해야 할지 결정하지 못하고 비용 또한 제대로 계산하지 않은 채로 외부 업체에 조사를 의뢰하는 경우도 많다.

이런 문제가 발생하는 이유는 통계가 무엇인지 모르는 사람이 많기 때문이다. 이런 실수를 하지 않기 위해서라도 우선 통계의

수학은 어떻게 무기가 되는가

가장 기본적인 내용부터 살펴볼 필요가 있다.

조사를 통해 수집한 데이터를 해석하는 방법에는 여러 가지가 있는데, 가장 대표적인 방법이 '히스토그램(histogram)', 이른바 '막대그래프'이다. 히스토그램에서 세로축은 '도수(度數)'를, 가로축은 '계급값'을 나타낸다. 히스토그램을 이용하는 이유는 데이터가 전체적으로 어떤 성질을 가지고 있는지 이해하기 위해서이다.

'도수'와 '계급값'은 무엇인지 구체적인 예를 들어 살펴보자. 네 사람의 키에 대한 히스토그램을 만든다고 생각해보자. 첫 번째 사람의 키는 166센티미터, 두 번째 사람은 173센티미터, 세 번째 사람은 175센티미터, 네 번째 사람은 162센티미터였다.

신장에 해당하는 데이터의 최소값부터 최댓값까지를 범위로 정한다. 그다음 그 범위를 더 작은 범위로 나눈다. 신장 데이터의 경우는 5센티미터 단위로 나누어 '161~165센티미터', '166~170센티미터', '171~175센티미터', '176~180센티미터'로 범위를 정하면 파악하기 쉽다. 이렇게 나눈 것을 '계급'이라고 한다.

'계급값'이란 이 계급의 대표가 되는 수치를 의미한다. 일반적으로는 계급의 가운데 수치를 '계급값'으로 정하는 경우가 많다.

|표 15| 도수 분포표

예: 어떤 4명의 신장

계급	계급값	도수
161~165센티미터	163센티미터	1
166~170센티미터	168센티미터	1
171~175센티미터	173센티미터	2
176~180센티미터	178센티미터	0

이 경우에는 163센티미터, 168센티미터, 173센티미터, 178센
티미터가 '계급값'이 된다.

다음에는 각각의 계급에 누가 해당하는지를 생각한다. 162
센티미터인 네 번째 사람은 161~165센티미터의 계급에는 들
어간다. 166센티미터인 첫 번째 사람은 166~170센티미터에,
173센티미터인 두 번째 사람과 175센티미터인 세 번째 사람은
171~175센티미터에 들어가고, 176~180센티미터에는 해당되
는 사람이 없다.

이것으로 각각의 계급에 몇 명이 포함되는지 알 수 있다.
161~165센티미터의 계급에 1명, 166~170센티미터의 계급에
1명, 171~175센티미터의 계급에 2명, 176~180센티미터의 계
급에는 0명이다. 이 인원수가 '도수'이다.

수학은 어떻게 무기가 되는가

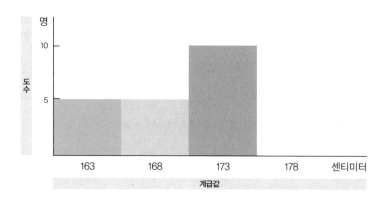

| 표 16 | 히스토그램

이것이 히스토그램을 그리기 위해 필요한 요소이다. 이 요소들을 한눈에 볼 수 있게 만든 것을 '도수 분포표'라고 하고,^{표15 참조} 이 표를 바탕으로 히스토그램을 그린다.^{표16 참조}

이 네 명의 히스토그램을 이상하게 생각하는 사람도 있을 것이다. 가령 이 히스토그램에서 계급값 163센티미터의 도수는 1이다. 이는 '신장 163센티미터인 사람이 한 명 있다'라는 의미이다. 그러나 사실은 '161~165센티미터라는 계급에 신장 162센티미터인 사람이 한 명 있다'이다. 히스토그램으로 변경하는 과정에서 정보의 정확성이 떨어진 것이다. 하지만 통계학에서는 이 정도의 오차는 데이터를 분석하는 데 지장이 없다고 생각한다.

실제로 통계학에서는 네 명의 데이터를 가지고 히스토그램을 만드는 일은 없다. 적게는 수백에서 많게는 수십만 명을 대상으로 조사하면 히스토그램을 만드는 과정에서 발생하는 오차도 작아진다. 그리고 데이터 수가 많을수록 오차는 더욱 작아진다. 다소의 오차는 있더라도 결과에 큰 영향을 끼치지 않는다. 이처럼 통계학에서는 데이터를 단순하고 알기 쉽게 정리해서 처리하기 쉽도록 만들기 위해 사소한 오차는 무시한다.

수학은 어떻게 무기가 되는가

데이터라고 다 같은 게 아니라 나름 성질이 있다

조사한 데이터가 전체적으로 어떤 성질을 지니고 있는지를 히스 토그램을 통해서 파악했다면, 다음에는 데이터를 좀 더 자세히 살펴보자. 데이터를 본다는 것은 데이터가 어떤 특징을 지니고 있는지 파악한다는 의미이다.

데이터의 특징을 파악하기 위해 알아두어야 할 것이 몇 가지 있다. 그중 하나가 '평균값'이다. 우리가 일반적으로 알고 있는 '평균값'은 데이터를 모두 더하고 그것을 데이터의 수로 나누는 것을 의미한다. 다음의 예를 살펴보자.

주사위를 30번 던져서 나온 눈의 숫자의 평균값을 내보자. 가령 주사위를 던져서 나온 눈의 수와 히스토그램이 표17과 같다

| 표 17 | 주사위를 던져서 나온 눈의 수와 히스토그램

예: 주사위를 30회 던졌을 경우

나온 눈	눈이 나온 횟수
1	2
2	3
3	9
4	11
5	3
6	2

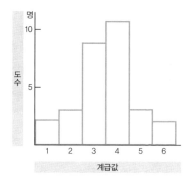

고 가정하자. 나온 눈의 평균값을 낼 경우, 먼저 주사위를 던져서 나온 눈의 수에 그 수가 나온 횟수를 곱해서 전부 더한 다음, 주사위를 던진 횟수인 30으로 나누는 방법을 생각할 것이다. 그리고 이것을 실제로 계산해보면 다음과 같다.

$$(1 \times 2 + 2 \times 3 + 3 \times 9 + 4 \times 11 + 5 \times 3 + 6 \times 2) \div 30 ≒ 3.53$$

다시 말해 이 데이터의 평균값은 3.53이다. 이와 같이 단순히 데이터를 전부 더한 다음 데이터의 수로 나눈 것을 '산술 평균'이라고 한다.

수학은 어떻게 무기가 되는가

그러나 이 데이터를 다른 시각에서 볼 수도 있다. '주사위를 30회 던졌을 때 1의 눈은 2회 나왔고, 2의 눈은 3회 나왔다'라는 식으로 생각하는 것이다. 이때는 다음과 같이 계산한다.

$$1 \times \frac{2}{30} + 2 \times \frac{3}{30} + 3 \times \frac{9}{30} + 4 \times \frac{11}{30} + 5 \times \frac{3}{30} + 6 \times \frac{2}{30} = 3.53$$

두 경우에 평균값을 계산한 결과는 같다. 그러나 개념은 다르다. 두 번째 식에서는 계급값에 대해 '계급값의 도수가 전체에서 차지하는 비율'을 곱함으로써 평균값을 구했다. 이 비율을 나타내는 수를 '상대 도수'라고 한다. 여기서는 $\frac{2}{30}$, $\frac{3}{30}$, $\frac{9}{30}$, $\frac{11}{30}$, $\frac{3}{30}$, $\frac{2}{30}$이 상대 도수이다. 상대 도수를 전부 더하면 반드시 '1'이 된다. 이런 방법으로 구하는 평균을 '가중 평균'이라고 하며, 이것이 통계학에서 말하는 평균이다.

통계학에서는 왜 산술 평균이 아니라 가중 평균을 사용하는 걸까? 어떻게 계산하든 평균값은 같으니 어느 쪽을 사용하더라도 마찬가지 아닐까? 보통 사람이라면 이런 생각이 들 것이다. 하지만 평균값이 어떤 의미인지 다시 한 번 생각해보자. 평균값은 데이터의 중간값을 가리킨다. 그런데 평균값만 알아서는 그 데이터가 무엇을 의미하는지 알 수 없다.

그래서 통계학은 '분산'이라는 것을 생각한다. '분산'이란 수집한 데이터가 얼마나 흩어져 있는지를 나타내는 값이다. 그리고 분산을 생각할 때 중요한 역할을 하는 것이 가중 평균이다.

표17의 히스토그램을 살펴보자. 모든 데이터가 평균값에 모여 있지 않다. 데이터들이 평균값보다 얼마나 떨어져 있는지 알아보기 위해 우선 각 데이터가 평균값에서 얼마나 크고 얼마나 작은지를 적어보자. 이것을 '편차'라고 한다. 편차는 각 데이터 값에서 평균값을 뺀 값으로, 각 데이터 값이 평균값에서 얼마나 떨어져 있는지를 나타내는 수치이다.

앞에서 주사위를 30번 던져서 나온 눈의 평균값이 3.53이었다. 따라서 계급값1의 편차는 −2.53이고, 계급값2의 편차는 −1.53이다. 이런 식으로 계급값의 편차를 구하면, 계급값3의 편차는 −0.53, 계급값4는 0.47, 계급값5는 1.47, 계급값6은 2.47이 된다. 여기까지가 데이터에서 무엇을 읽을 수 있는지를 알아보는 작업의 시작이다. 하지만 '편차'만으로는 데이터가 얼마나 흩어져 있는지를 정확하게 알 수 없으며, 데이터를 분석할 수도 없다. 편차를 가지고 데이터가 어떻게 흩어져 있는지를 알기 위해서는 '분산'을 구해야 하는데, 분산을 구해서 데이터에서 정확한 정보를 읽어내는 방법은 다음 챕터에서 살펴보자.

통계가 복잡한 것 같지만
분산하면 간단하다

이 세상의 모습이나 움직임을 숫자로 나타내서 사람들에게 알리는 것이 통계이다. 따라서 최대한 알기 쉬운 숫자로 완성해야 한다. 통계학에는 이를 위해서 다양한 수학적 방법을 사용한다. 무엇보다 일반인이 이해하기 쉬운 숫자로 만들기 위해 복잡하면서도 난이도가 높은 이론과 기술을 사용하는데, 이것이 통계학이 어렵게 느껴지는 이유이다.

앞의 표17의 히스토그램에서 '편차'라는 것을 구했다. 통계에서는 그다음에 도수의 차를 이용해서 데이터가 흩어진 정도를 정확하게 알려주는 '분산'을 구하는 단계로 넘어간다. 이때 알기 쉬운 숫자로 완성하기 위해 조정해야 할 문제가 있다. 편차에는

플러스나 마이너스의 표기가 있어서 그대로 계산을 계속하면 0
이 되어 버린다. 그래서 편차를 제곱한 다음 도수를 곱해서 평균
을 구한다. 이를 식으로 나타내면 다음과 같다.

$$\frac{(-2.53)^2 \times 2 + (-1.53)^2 \times 3 + (-0.53)^2 \times 9 + (0.47)^2 \times 11 + (1.47)^2 \times 3 + (2.47)^2 \times 2}{30}$$

$$= 1.4489$$

이때 1.449가 흩어진 정도를 나타내는 '분산'의 값이다. 그리
고 이것은 다음과 같이 고쳐 쓸 수 있다.

$$(-2.53)^2 \times \frac{2}{30} + (-1.53)^2 \times \frac{3}{30} + (-0.53)^2 \times \frac{9}{30} + (0.47)^2 \times \frac{11}{30}$$

$$+ (1.47)^2 \times \frac{3}{30} + (2.47)^2 \times \frac{2}{30} = 1.4489$$

사실 이것은 앞의 '가중 평균'을 계산하는 방법과 똑같다. 즉,
이것을 보면 통계에서는 평균값을 구하는 방법을 응용해서 다른
것을 밝혀내고 있음을 알 수 있다.

분산은 '(편차)²×상대 도수'의 합으로 표시할 수 있는데, 통계
전문가들은 '(편차)²' 부분을 세제곱이나 네제곱으로 바꾸어서
통계학의 다양한 요소를 구하기도 한다.

계산하는 과정은 간단하지 않지만, 분산값을 보는 방법은 비

수학은 어떻게 무기가 되는가

교적 간단하다. 분산값이 클수록 데이터가 넓게 흩어져 있다는 의미이며, 분산값이 작으면 데이터가 평균값에 가까이 모여 있음을 나타낸다.

그런데 분산값을 구하는 과정에서 새로운 문제가 발생할 수 있다. 편차를 제곱하면서 분산값이 지나치게 커지는 것이다. 그래서 지나치게 커져버린 분산값을 원래대로 되돌리기 위해 분산에 루트를 씌운 값을 사용하는 방법을 쓴다. 이것을 '표준편차'라고 한다. 표준편차는 데이터가 평균값에서 얼마나 흩어져 있는지를 직접적으로 나타내는 수치이다.

복잡한 세상을
단순하게 정리하는 기술

수집한 데이터는 대부분의 경우 들쭉날쭉하다. 어떤 데이터는 넓게 흩어져 있기도 하고, 또 어떤 데이터는 한 곳에 모여 있기도 하다. 이것을 "데이터가 분포되어 있다"라고 말한다. 데이터의 분포 형태를 분석해서 이해하기 위해 앞에서 설명한 평균값이나 표준편차가 필요하다.

　데이터가 분포되어 있는 형태 중에 가장 흔한 것이 '정규 분포'라고 부르는 분포이다.^{표18 참조} 정규 분포의 데이터를 그래프로 그리면 좌우 대칭의 산 같은 모양이 나타난다. 이 그래프의 정점에 해당하는 부분이 평균값과 거의 일치하는데, 이 지점을 '중앙값'이라고 한다. 그래프는 중앙값 부분이 가장 높고, 좌우 양쪽으

　　　　　　수학은 어떻게 무기가 되는가

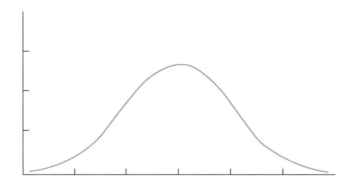

|표 18| 정규 분포 곡선

로 곡선을 그리며 내려간다. 이때 완만하고 부드러운 곡선을 그리는지, 가파르고 급격한 곡선을 그리는지를 결정하는 것이 표준편차이다. 사회나 자연계에서 관측되는 데이터는 이처럼 정규 분포를 나타낼 때가 많다. 수많은 요소가 얽혀 있거나 우연성이 높은 현상의 데이터는 정규 분포가 되기 쉽다.

정규 분포가 되지 않는 전형적인 예로는 '소득'이 있다. 소득은 우연성이 낮으며, 일단 소득이 오르면 더 오르는 경향이 있다. 반대로 소득이 낮은 사람이 더 높은 소득을 얻기는 힘들다. 따라서 소득의 분포를 그래프로 나타내면 중앙값이 왼쪽으로 크게 치우치기 때문에 정규 분포가 되지 않는다.

데이터의 평균값과 관계없이 모든 정규 분포는 다음과 같은 특징이 있는데, 이런 이유에서 정규 분포는 통계에서 아주 유용하게 이용된다.

- 평균±표준편차 1개분의 범위에 전체의 약 68퍼센트가 포함된다.
- 평균±표준편차 2개분의 범위에 전체의 약 95퍼센트가 포함된다.
- 평균±표준편차 3개분의 범위에 전체의 약 99퍼센트가 포함된다.

이는 정규 분포 그래프의 중간값에서 좌우로 표준편차만큼의 범위에 전체 데이터의 약 68퍼센트가 포함된다는 의미이다. 그리고 중간값에서 좌우로 표준편차 두 배만큼의 범위에 전체 데이터의 약 95퍼센트, 세 배만큼의 범위에 전체 데이터의 약 99퍼센트가 포함된다는 것이다. 따라서 어떤 계획을 세울 때, 데이터의 대부분을 포함시키고 싶다면 평균에서 표준편차 3개분의 범위가 되도록 만들면 된다. 이처럼 데이터가 정규 분포를 띠면 어떤 범위를 결정할 때 수치를 정하기가 쉬워진다. 왜 정규 분포가 이런 성질을 갖는지에 대해서는 상당 수준까지 증명이 되었으므로 의심할 필요는 없다.

정규 분포의 여러 가지 수학적 성질은 19세기 독일의 수학자 가우스가 증명했다. 가우스는 수론, 분석학, 기타 수학의 중요한 분야뿐만 아니라 물리학과 천문학에서도 획기적인 업적을 쌓아

수학은 어떻게 무기가 되는가

역사상 가장 뛰어난 수학자 중 하나로 꼽힌다. 그의 초상화와 정규 분포 곡선이 독일 마르크 지폐에 인쇄되어 있었을 정도이다.

정규 분포 중에서도 평균값이 0이고 표준편차가 1인 분포를 '표준 정규 분포'라고 한다. 상대 도수가 0.01 단위로 계산된 '표준 정규 분포표'를 만들면 그래프 안쪽의 면적은 항상 1이 된다. 어떤 데이터의 분포가 표준 정규 분포라면, 표준 정규 분포표에 대입하여 분석에 필요한 값을 금방 얻을 수 있다. 이런 점에서 표준 정규 분포는 통계에서 매우 유용하게 이용된다.

표준 정규 분포에서 왜 그런 값이 나오는지 생각하는 것은 시간 낭비이다. 이는 수학적으로 확실하게 증명된 사실이지만, 증명 과정은 고등학교 수준의 수학으로도 이해하기 어렵다. 하지만 대략적으로 표준 정규 분포표의 성질을 알고 있는 것만으로도 통계의 많은 부분을 이해할 수 있다.

하지만 표준 정규 분포가 되는 현상은 이 세상에 그렇게 많지 않다. 그래도 통계학에서 표준 정규 분포가 중요한 이유는 표준 정규 분포가 아닌 현상도 표준 정규 분포로 변환할 수 있는 이론과 기술이 있기 때문이다. 이 점이 바로 통계학이 유용하면서도 대단한 점이다. '정규화'라고 하는 이 과정에 대해서는 다음 챕터에서 자세히 알아보자.

모든 데이터를
정규화하면 통한다

통계학에는 모든 정규 분포를 표준 정규 분포로 바꿀 수 있는 이론과 방법이 있는데, 이것을 '정규화'라고 부른다.

정규 분포임을 알고 있는 데이터를 '정규화'하면, 표준 정규 분포의 성질을 활용하여 데이터를 다양하게 이용할 수 있게 된다. 그리고 이것이 통계학의 첫걸음이자 기본이다. X라는 데이터가 정규 분포일 때 정규화를 하는 공식은 다음과 같다.

$$Y = \frac{X - X의\ 평균값}{X의\ 표준편차}$$

이 공식을 통해 얻은 Y의 값은 여러 모로 쓸모가 있다. 왜 이것

수학은 어떻게 무기가 되는가

이 '정규화'인지를 이해하려면 상당한 수준의 수학 지식이 필요하니 일단 넘어가자. 그보다는 왜 정규화가 필요한지가 더 중요하다.

수집한 데이터가 몇 가지 있다고 가정하자. 그것이 전부 좌우대칭인 산 모양의 정규 분포라고 해도 각각의 평균값이나 표준편차는 다르므로 그래프의 모양에는 차이가 있다. 그러나 어떤 데이터라도 그것이 정규 분포라면 정규화해서 평균값이 0이고 표준편차는 1인 데이터, 즉 표준 정규 분포의 특징을 가지고 있는 데이터로 변환할 수 있다. 그리고 이렇게 하면 표준 정규 분포표의 성질을 이용하여 다양한 분석이 가능해진다.

분명하게 기억해두어야 할 것은 표준 정규 분포로 변환할 수 있는 것은 정규 분포뿐이라는 사실이다. 그렇다면 어떤 데이터가 정규 분포인지 아닌지는 어떻게 알 수 있을까? 일반적으로 데이터를 분석하면서 그것이 정규 분포인지를 확인하지는 않는다. 그것은 매우 어려운 작업이기 때문이다. 신장처럼 정규 분포인지 아닌지가 이미 밝혀진 상태라면 다행이지만, 모르는 경우는 정규 분포라고 가정한 다음에 분석을 시작한다.

특히 여러 가지 요인이 겹쳐 있고 우연성이 높은 현상은 쉽게 정규 분포라고 가정할 수 있다. 반대로 앞에서 말한 소득처럼 한

두 가지 요인에 의해 결정되는 데이터는 정규 분포가 아니라고 쉽게 예상할 수 있다.

앞에서도 말했듯이 통계는 이 세상의 모습을 최대한 알기 쉬운 숫자로 만드는 과정이다. 그 과정에서 데이터가 평균에서 얼마나 떨어져 있는지를 알려주는 '분산'과 '표준편차'를 구한다. 그리고 정규 분포를 '정규화'를 통해 표준 정규 분포로 만든 다음, 표준 정규 분포의 성질을 이용해 다양한 분석을 내놓는 것이 바로 통계의 기본 과정이다. 이 점만 이해하면 통계의 기본적인 내용을 알고 있다고 할 수 있다. 이밖에도 기본적으로 알아두면 도움이 되는 통계의 개념 몇 가지를 다음 챕터에서 간단하게 살펴보자.

통계를 알면 새로운 것들에
눈뜨기 시작한다

지금까지 설명한 내용 이외에도 통계학에는 다양한 개념들이 있다. 이 책에서 모든 개념을 다 설명하기는 어려우니, 통계의 사고방식을 배우는 데 도움이 되는 몇 가지 기본적인 개념을 알아보자.

우선 '이항 분포'라는 확률 분포가 있다. 이는 성공하고 싶어 하는 마음을 가지고 있는 사람에게 어느 정도를 성공이라고 생각하고 그것을 실현할 확률은 어느 정도인지를 숫자로 명확하게 나타내는 것이다. 이런 막연한 질문에 대해서도 수량적으로 명확하게 대답할 수 있다는 생각을 가지고 있느냐 그렇지 않느냐에 따라 프레젠테이션의 설득력에 상당한 차이가 나타난다.

'중심 극한 정리'라는 개념도 알아둘 필요가 있다. 예를 들어 주사위를 던진다는 행위를 생각할 경우, 정상적인 주사위를 계속 던지는 시행의 횟수를 늘릴수록 1의 눈이 나올 확률은 한없이 6분의 1에 가까워진다는 사실을 증명한 것이 중심 극한 정리이다.

이때 "시행의 횟수를 늘릴수록"이라고 했는데, 횟수를 얼마나 많이 늘려야 정규 분포로 다뤄도 문제가 없어지는지 궁금하게 생각하는 사람도 많을 것이다. 일반적으로는 동전을 던졌을 때 앞면이 나오느냐 뒷면이 나오느냐처럼 비교적 분포가 작은 것의 경우 30회 정도 반복하면 문제가 없다고 생각한다. '그 정도의 횟수로 괜찮을까'라고 생각한다면 아직 통계학적 감각이 몸에 배지 않았다는 뜻이다. 실제로 숫자를 다루면서 통계학적인 감각에 익숙해지면 '맞아, 그 정도겠지'라고 수긍할 수 있게 된다. 이것은 '보고 있다고 생각하지만 보이지 않았던 것을 깨닫는' 과정이기도 하다.

다시 한 번 말하지만, 통계학은 쉽지 않은 분야이다. 이 장에서 다룬 내용은 통계의 기본이지만 수식이 많아서 이해하기가 쉽지만은 않을 것이다. 그러나 통계란 어떤 것인지는 대략적으로 이해할 수 있었을 것이다. 통계 전문가가 이와 같은 방식으로 세상을 바라본다는 사실을 안 것만으로도 큰 도움이 될 것이다.

수학은 어떻게 무기가 되는가

업무을 진행하는 과정에서 어떤 데이터를 접했을 때 굳이 분산 같은 전문 용어를 사용할 필요도 없고 공식을 외우고 있을 필요도 없다. 평균에서 멀리 떨어져 있는 데이터가 많으면 데이터가 많이 흩어져 있다는 의미이고, 흩어진 정도를 생각할 때 필요한 요소는 데이터와 평균의 차이라는 사실을 알고 있는 것만으로도 충분하다. 이것만 알고 있어도 데이터를 바탕으로 적확한 의견을 내거나 질문을 할 수 있게 되고, 과제에 대한 해결책도 훨씬 논리적으로 제시할 수 있게 될 것이다.

+× 수학을 무기로 만드는 비법 √÷

- 통계를 알면 새로운 기획안을 만들 때 설득력이 강해진다.
- '데이터를 본다'는 것은 데이터가 지닌 성질을 파악하는 것이다.
- 표준편차는 데이터가 평균값에서 얼마나 흩어져 있는지를 직접적으로 나타내는 수치이다.
- 목적을 명확하게 하고 실제 숫자를 대입해서 계산하고 생각하는 습관을 들인다.
- 통계는 고도의 이론을 갖추고 있어 모든 데이터를 알기 쉬운 숫자로 표현할 수 있다.

제4장

내 미래는
점쟁이가 아니라
수학에게 찾아라

지금 내가 생각하는 리스크는
위험이 아니다

회사 생활을 하다 보면 '리스크(risk)'라는 말을 사용하게 되는 경우가 있다. "리스크를 생각하면 이 안이 올바른 선택이야" 혹은 "이번 인사는 리스크가 너무 커" 같은 표현을 자주 사용한다. 간혹 '리스크'라는 말을 너무 자주 사용하면서 입에 달고 사는 사람도 있다.

하지만 내가 보기에 '리스크'라는 말을 올바르게 이해하고 사용하는 사람은 거의 없다. 대부분의 사람들은 단순히 위험하니까 조심해야 한다는 식의 모호한 의미로 '리스크'라는 말을 사용한다. 분명히 리스크의 사전적인 의미 중에는 '위험'도 있지만, 그런 의미라면 그냥 '위험하다'라고 표현해도 충분하다. 그럼에

수학은 어떻게 무기가 되는가

도 굳이 "리스크를 생각하면" 혹은 "리스크가 너무 크다"와 같은 표현을 사용하는 이유는 단순한 위험이 아니라 '가능성'의 의미를 담고 싶어 하는 것이 아닐까 싶다. '위험할 것 같지만 위험하지 않을 수도 있어'라는 의미를 포함시켜서 자신이 빠져나갈 구멍을 만들어놓고 싶은 것이다.

바로 여기에 오류가 있다. 리스크란 '위험의 가능성'이라든가 '실패의 가능성'이라는 의미가 아니다. 무엇보다도 리스크는 단순한 가능성에 사용하는 말이 아니다. 리스크란 확률 계산이 분명하게 되어 있는 가능성을 말한다. 즉, 위험할 확률이 얼마인지 분명하게 말할 수 있을 때에만 '리스크'라는 말을 사용할 수 있다. 따라서 확률 계산이 불가능한 경우는 '리스크'가 아닌 '불확실성(uncertainty)'이라고 하는 것이 맞다.

"리스크가 있다"라고 말했을 경우는 상대가 굳이 물어보지 않더라도 "그렇다면 그 확률은 어떻게 됩니까?"라는 질문이 반드시 따라나온다는 것을 알아둘 필요가 있다. 이런 의식을 가지고 있으면 사업을 하는 과정에서 의견의 정확도가 높아질 뿐만 아니라 회의도 논리적으로 진행할 수 있다. 한 가지 사례를 들어보자.

2016년에 일본에서 실시된 이른바 안보법을 다룬 국회 회의에서 "집단적 자위권은 다른 국가로부터 침략을 받을 리스크를 낮춘다", "집단적 자위권의 행사로 자위대의 리스크가 높아질 것이다" 같은 발언이 나왔다. '리스크'라는 말을 사용했으므로 이것은 분명 '확률'을 바탕으로 논의를 진행했어야 한다. 다시 말해 다른 국가로부터 침략을 받을 확률이 얼마나 높아지는지, 자위대가 위험에 처할 확률은 또 얼마나 높아지는지를 두고 토론이 진행되었어야 한다. 그러나 대부분의 의원들이 리스크의 정확한 개념이나 확률을 알지 못한 탓에 자신의 느낌이나 분위기만을 이야기하면서 논의가 헛돌았고, 결국 아무런 결론도 내리지 못하고 회의가 끝나고 말았다.

뒤에서 설명하겠지만, '전쟁에 휘말린다/휘말리지 않는다', '전쟁이 일어난다/일어나지 않는다'라는 것은 확률의 문제이다. 전쟁은 비참하다든가, 인명은 존귀하다는 주장은 전쟁을 막지 못한다. 실제로 전쟁을 억제하는 요소에는 몇 가지가 있다. 그리고 정부는 각각의 요소에 대해 전쟁이 일어날 확률과 일어나지 않을 확률을 생각하면서 움직인다. 이것이 현실에서 전쟁을 막을 수 있는 방법이다. 이 부분에 대해서는 뒤에서 자세히 살펴보기로 하자.

앞에서 이야기했듯이, 통계는 경험을 요약하고 그것을 바탕으로 미래를 추측하기 위한 방법이다. 마찬가지로 미래를 추측하기 위한 대표적인 행동이 확률을 계산하는 것이다. 다시 말해 확률이란 '과거의 경향에 바탕을 둔 미래 예측'이다. 그러나 아무리 신뢰도가 높은 기관이 발표한 확률이라고 해도 그것이 확실한지, 참고해도 되는 것인지 의심스럽게 생각하는 사람이 많다. 그렇게 생각하는 이유는 확률이 무엇인지를 모르기 때문이다. 의문을 갖은 채 고민하는 단계에 계속 머무르지 않기 위해 먼저 확률의 기초를 이해해보자.

강수 확률 50퍼센트의
진짜 의미가 뭘까?

우리가 생각하는 확률이란 고작 일기예보나 복권에 당첨될 가능성이 전부일 것이다. 하지만 조금만 더 수학적으로 파고들면 확률을 계산하는 방법에는 두 가지가 있음을 알 수 있다. '객관적 확률'과 '주관적 확률'이다. '주관적 확률'이란 무엇일까? '주관' 이란 한마디로 '사람의 생각'을 의미한다. 확률론은 인간의 주관까지 포함해서 확률을 산출하는 방법론을 갖고 있는 것이다. 그렇다면 확률은 어떻게 인간의 생각까지 숫자로 나타낼 수 있는 걸까?

'주관적 확률'에 대해 자세히 알아보기 전에 먼저 '객관적 확

수학은 어떻게 무기가 되는가

률'이 무엇인지 살펴보자. '객관적 확률'이란 사건이 일어나는 빈도에 의존하는 확률이다. 예를 들어 '주사위를 무한대의 횟수로 던지면 6의 눈이 나올 확률은 6분의 1'이라는 것이 바로 객관적 확률이다. 물론 여기에는 주사위가 정확한 정육면체이며 바람 등의 영향을 받지 않는 이상적인 환경에서 주사위를 던진다는 전제가 깔려 있다. 사람의 머릿속에서만 존재하는 세계인 것이다. 이것을 '수학적 확률'이라고도 한다.

확률론의 기초는 수학적 확률에 있다. 그러나 이 상태로는 현실에 응용할 수가 없다. 그래서 현실에서 과거에 일어난 일이나 현재 일어나고 있는 일의 통계 데이터를 수집하고, 그것에서 특정 사건이 일어나는 빈도를 조사해 확률을 구한다. 이것이 확률의 가장 정통적인 방법으로, '빈도주의'라고 한다. 빈도주의의 가장 가까운 사례는 일기예보이다. 예를 들어 '강수 확률 50퍼센트'라고 하는 말은 과거에 축적된 데이터를 조사한 결과, 같은 기상 조건 속에서 1,000회 중 500회 비가 내렸다는 의미이다.

이와 같은 '수학적 확률'과 '빈도주의'를 '객관 확률'이라고 한다. 빈도주의 확률은 수많은 연구와 행정, 기업 활동에도 이용되고 있지만, 모든 상황에서 적용될 수 있는 것은 아니다. 빈도주의 확률에 사용되는 데이터는 축적된 기간이 수십 년, 길어 봐야 200년에 불과하다. 따라서 이 데이터는 과거의 특정한 시점에

특정한 환경에서 일어난 사건으로부터 도출된 것일 뿐이며, 모든 상황을 설명해주지는 않는다. 이런 데이터를 가지고 예측을 할 경우 100년에 한 번 일어날까 말까 한 사건이 101년째에 일어날 수도 있다.

그래서 등장한 것이 '주관적 확률'이라는 개념이다. 가령 업무 현장에서 상사로부터 "성공 확률은 얼마나 되나?"라는 질문을 받았을 때, 대부분은 "90퍼센트는 됩니다" 같은 대답을 한다. 이것은 어떤 데이터에 입각해서 90퍼센트라는 숫자를 이끌어낸 것이 아니며, "어지간하면 성공할 겁니다"라는 의미이다. 다시 말해 '주관적' 의견으로 확률을 이끌어낸 것이다.

이처럼 '특정 사건이 일어날 확률은 ○○퍼센트라고 생각합니다'라는 인간의 심리를 확률로 파악하는 개념을 '주관적 확률'이라고 한다.

그리고 통계로 어떤 사건을 예측할 때 주관적 확률을 적용하는 방법을 '베이즈 확률'이라고 한다. 이 명칭은 인간의 주관을 적용한 확률 이론을 정립하고 증명한 18세기 영국의 수학자 토머스 베이즈의 이름에서 유래했다. 그리고 '베이즈 확률'에 입각해서 확률을 생각하는 사람을 '베이지안'이라고 한다.

다만 주관적 확률이라고 해도 각자가 제멋대로 생각한 확률은 아니다. 그래서는 논의가 진행될 수 없다. 주관적 확률이란 개개인이 주어진 조건 아래에서 사전 지식에 입각해 구한 확률을 뜻한다. 따라서 주관적 확률에서는 조건이 바뀌면 확률도 변한다.

베이즈 확률의 특징은 수많은 통계 데이터를 모으지 않아도, 또 사건이 일어나는 환경이 변해도 적용할 수 있다는 데 있다. 주관적 확률에 따른 예측이 기존 방법보다 반드시 옳다고 할 수는 없다. 그러나 '확률과 확률에 따른 올바른 예측이란 대체 무엇인가?'라는 것을 생각했을 때에는 이야기가 달라진다. 대량의 데이터 처리가 가능해짐에 따라 그에 맞춰 예측이 바뀌는 모델을 생각할 때는 주관적인 확률도 효과적인 분석 도구가 된다.

이런 까닭에 현재는 일상생활에서도 베이즈 확률에 따른 예측이 이용되고 있다. 이제 베이즈 확률이 무엇인지 구체적으로 알아보자.

로또를 사는 것이 절대
100퍼센트 손해는 아니라니!

'객관적 확률'의 정확도는 얼마나 많은 데이터를 가지고 있는지에 따라 달라진다. 그러나 방대한 데이터를 사용해서 구한 '객관적 확률'로 판단할 때 일어나지 않을 거라고 생각되는 사건이 발생하기도 한다. 2011년에 발생한 후쿠시마 원자력발전소 사고도 그런 사례 중 하나이다. 전력 회사와 일본 당국은 과거 수십 년의 데이터를 바탕으로 후쿠시마 원자력발전소에서는 심각한 사고를 일으킬 수 있는 지진이나 쓰나미가 발생할 확률이 지극히 낮다고 생각하고 있었다. 이것을 관계자는 '예상 밖'이라고 표현했다.

수학은 어떻게 무기가 되는가

그렇다면 올바른 통계나 예측이란 과연 무엇일까? 이에 관해서는 복권을 생각하면 이해하기 쉽다. 옳고 그름의 측면에서 생각할 때, 객관적 확률의 관점에서 보면 복권을 산다는 행위는 옳다고 말할 수 없다. 객관적 확률로 생각하면 복권에 당첨될 확률은 극히 적기 때문이다.

확률적 시각에서 계산한 평균값을 '기댓값'이라고 한다. 복권의 기댓값은 복권을 구입하는 데 사용한 비용에 대비해 돌아올 것으로 기대되는 금액을 가리킨다. 복권에는 여러 종류가 있지만, 일반적으로 복권의 기댓값을 계산하면 40~45퍼센트 정도가 된다. 이는 복권을 무한히 샀을 때 받을 수 있는 당첨금은 구입한 비용의 절반에도 미치지 못한다는 의미이다.

처음부터 복권은 여러 가지 용도로 필요한 자금을 조달하기 위해 고안된 것이다. 한국에서 가장 많이 판매되는 복권의 경우 매출액의 50퍼센트는 당첨금으로 지급되고, 42퍼센트는 복권기금으로 다양한 목적으로 사용된다. 나머지 8퍼센트 중에서 판매인 수수료로 5.5퍼센트, 사업 운영비로 2.5퍼센트가 각각 사용된다. 기댓값도 40~45퍼센트에 불과한 복권을 사람들은 왜 사는 것일까?

하지만 주관적 확률로 복권을 바라보면 다른 결론이 나온다. 복권을 딱 한 장 샀는데 느닷없이 1등에 당첨되는 사람이 있을

지도 모른다. 이 사람이 그 뒤로 복권을 사지 않는다면 당첨 확률은 1(100퍼센트)이 된다. 한편 100장을 샀는데 단 한 번도 당첨이 안 되는 사람도 있다. 이 사람의 당첨 확률은 0(0퍼센트)이다. 즉, 이것은 일단 복권을 구입한 순간 당첨될 확률은 복권을 산 모든 사람에게 평등하게 0에서 1 사이가 된다는 것을 의미한다. 그래서 복권을 사는 사람은 자신이 산 복권이 당첨될 확률이 한없이 1에 가깝다는 믿음을 갖게 되는 것이다. 다른 식으로 표현하면, 당첨될 확률이 항상 0에서 1 사이에 있기 때문에 복권을 사는 사람은 자신이 산 복권이 당첨될 확률이 한없이 1에 가깝다고 생각할 수 있다는 말이다. 주관적 확률은 이와 같이 인간의 마음이나 신념 같은 것을 확률의 대상으로 삼는다.

복권의 당첨금 지급액은 50퍼센트, 기댓값은 40~45퍼센트라는 것은 수식으로 얻을 수 있는 엄연한 사실이다. 이 숫자로만 보면 복권을 사는 것은 한심한 행위이다. 그러나 복권을 사는 사람은 분명히 존재한다.

인간의 마음이나 신념 같은 것이 어떻게 숫자인 확률의 대상이 되는지 의아하게 생각하는 사람이 많을 것이다. 그 이유는 단순하다. 확률의 조건을 충족시키기 때문이다. 그렇다면 확률의 조건이란 무엇일까?

기분까지 확률로 계산할 수 있는
수학적 이유

나는 도쿄대학교에서 공부하면서 일본에서 주관적 확률의 일인 자였던 스즈키 유키오 교수의 가르침을 받을 기회가 있었다. 당시 전혀 쓸모가 없다는 평가를 받았던 주관적 확률이 어느새 통계의 주류가 된 것은 내가 생각해도 참 놀라운 일이다.

주관적 확률에 관해서는 나도 이상한 확률이라고 생각했었는데, 스즈키 교수에게 "자네는 수학과 출신이니까 알 것으로 생각하는데, 어떤 '공리계'를 충족시키는 것은 무엇이든지 '확률'이라고 하지. 주관적 확률은 그 '공리계'를 충족시키기 때문에 '확률'이라고 할 수 있다네"라는 말을 듣고 깨달은 바가 있었다.

수학을 조금 안다고 생각하는 이들에게도 이런 말은 무슨 의미인지 이해하기 힘들 것이다. 하지만 하나씩 의미를 짚어나가면 결코 어려운 개념이 아니니 차근차근 그 의미를 짚어보자. 여기에서 주관적 확률이라는 것은 현재 주어진 조건 아래에서 얻을 수 있는 확률이라는 의미다. 그리고 '공리계'라는 것은 '콜모고로프의 공리'를 가리킨다. 학문으로서의 확률은 이 공리에서 시작된다. 참고로 '콜모고로프의 공리'라는 이름은 20세기 소련의 수학자인 안드레이 콜모고로프의 이름에서 유래했다.

콜모고로프의 공리는 다음의 세 가지 공리로 구성된다.

- **제1공리**: 확률은 0과 1 사이의 값을 갖는 함수이다.
- **제2공리**: 모든 사건이 일어날 확률을 합하면 반드시 1이 된다.
- **제3공리**: A가 일어날 때는 B가 일어나지 않는 배반 사건의 경우, A나 B가 일어날 확률은 각각의 확률을 더한 값과 같다.

이 세 가지를 충족시킨다면 무엇이든 '확률'이라고 부를 수 있다는 것이 콜모고로프의 공리이다.

주사위를 예로 생각해보면 쉽게 이해할 수 있다. 먼저, 1부터 6까지의 눈이 나올 확률은 각각 1/6이므로, 확률은 0에서 1 사이의 값이라는 제1공리를 충족시킨다. 1부터 6까지의 눈이 나올 확률을 전부 더하면 1/6+1/6+1/6+1/6+1/6+1/6이며, 그 합은 반드시 1이 되므로 제2공리도 충족시킨다.

'배반 사건'이란 동시에는 일어날 수 없는 사건을 의미한다. 주사위를 예로 들면, 주사위 한 개를 던졌을 때 1의 눈이 나왔다면 당연히 2에서 6까지의 눈은 나올 수 없다. 따라서 이것은 배반 사건이라고 할 수 있다. 1의 눈이 나올 확률은 1/6, 2의 눈이 나올 확률도 1/6이므로 1이나 2의 눈이 나올 확률은 1/6+1/6=2/6가 된다. 이렇게 해서 주사위를 던졌을 때 어떤 눈이 나올 확률을 계산하는 것은 콜모고로프의 공리를 충족시키므로 '확률'로 인정된다.

이것은 주관적 확률도 마찬가지이다. 주관적 확률도 0부터 1사이에 있다. 모든 확률을 더하면 1이 되며, 서로 배타적인 사건의 확률은 각각의 확률을 더한 값과 같다는 조건을 충족시킨다. 예를 들어 업무가 성공할 확률을 90퍼센트(0.9)라고 생각하고 실패할 확률을 10퍼센트(0.1)라고 생각한다면, 그 합은 100퍼센트(1)이므로 콜모고로프의 공리를 충족시킨다. 따라서 주관적 확률도 확률이다.

그렇다면 이제 주관적 확률을 어떻게 이용하는지 알아보자. 앞에서도 이야기했듯이 수학적 확률은 현실의 문제에 응용하기가 거의 불가능하며, 빈도주의적 확률도 과거의 데이터에 의존한다는 한계가 있다. 이 세상에는 정통적인 객관적 확률만으로는 해결하기 어려운 것이 많다는 의미이다. 이런 문제를 해결하기 위해 등장한 것이 '베이즈 확률'이다. 베이즈 확률은 쉬운 개념은 아니지만, 빅데이터 기술이 발달하면서 우리 주변에서 자주 활용되고 있다. 다만 베이즈 확률이 적용되고 있다는 사실을 우리가 모를 뿐이다. 조금 낯선 수식이 나오지만 천천히 읽어가면 이해하는 데 어려움은 없을 것이다.

수학은 어떻게 무기가 되는가

스팸 메일을
잘 걸러내는 것도 확률

앞에서도 이야기했듯이 베이즈 확률은 지식 또는 믿음의 정도를 수치로 분석하는 확률 이론으로, '정보'를 통해서 통계 정보를 '갱신'해나간다는 발상을 전제로 한다. 오류를 수정하고 학습하는 과정을 통해서 예측의 정확도를 높여나가는 것이다. 이때 '정확도를 높인다는 것'은 사실을 간과해서 벌어지는 오류는 물론이고, 오류를 간과해서 발생하는 오류까지 동시에 줄여나간다는 의미이다. 이런 이유에서 베이즈 확률은 현실적으로 유용하게 이용되는 확률이다. 베이즈 확률은 다음과 같은 단 하나의 식으로 표현할 수 있으며, 베이즈 확률을 이용한 통계를 '베이즈 통계'라고 한다.

$$P(B|A)=P(A|B)P(B)/P(A)$$

특별한 암호처럼 보이는 공식이지만 의미를 알고 보면 결코 어려운 개념이 아니다. P(A)는 사건 A가 일어날 확률을, P(B)는 사건 B가 일어날 확률을 가리킨다. 그리고 P(A|B)는 사건 A가 일어날 때 사건 B가 일어날 확률로, 이것을 '조건부 확률'이라고 한다. '조건부 확률'은 베이즈 정리의 핵심이다. 두 개의 조건부 확률을 사용해서 현재 진행형의 문제를 해결해나가는 것이 베이즈 통계의 특징이다.

우리 주변에서 베이즈 통계가 사용되고 있는 사례로는 스팸 메일을 걸러내는 필터링 기능이 있다. 스팸 메일을 완벽하게 차단하려고 필터 기능을 강하게 설정하면 일반 메일까지 스팸 메일로 걸러질 수 있다. 반대로 필터 기능을 약하게 설정하면 수많은 스팸 메일이 섞여서 들어오게 된다. 이 정확도를 높이는 데 사용되는 것이 베이즈 통계이다.

가령 주관적 확률로서 받은 메일의 60퍼센트가 스팸 메일이고, 40퍼센트가 일반 메일이라고 가정하자. 스팸 메일과 일반 메일을 구별하는 방법은 특정 키워드가 메일이 들어 있느냐 들어 있지 않느냐이다. 그 키워드를 'H'라고 하자. 'H'가 스팸 메일에

수학은 어떻게 무기가 되는가

포함되어 있을 확률을 주관적 확률로 80퍼센트라고 가정한다.

일반적인 이메일에는 'H'라는 키워드가 거의 들어 있지 않지만, 들어 있을 가능성도 있다. 일반 메일에 'H'가 포함되어 있을 확률을 주관적 확률로 1퍼센트라고 가정한다.

우리가 알고 싶은 것은 이메일에 'H'라는 키워드가 포함되어 있을 때 그 이메일이 스팸 메일일 확률이다. 이것은 베이즈의 정리에 대입함으로써 계산할 수 있는데, 그 공식은 다음과 같다.

$$P(스팸|H)=P(H|스팸)P(스팸)/P(H)$$

P(스팸)은 받은 이메일이 스팸 메일일 확률인 60퍼센트, 즉 0.6이다. P(H|스팸)은 'H'라는 키워드가 스팸 메일에 포함되어 있을 조건부 확률인 80퍼센트, 0.8이다. 이제 P(H), 즉 이메일 전체에 'H'가 포함되어 있을 확률을 구해야 하는데, 그 공식은 다음과 같다.

$$P(H)=P(H|스팸)P(스팸)+P(H|일반)P(일반)$$

P(일반)은 받은 이메일이 일반 메일일 확률인 40퍼센트, 0.4이다. P(H|일반)은 'H'라는 키워드가 일반 메일에 포함되어 있

을 조건부 확률로 1퍼센트, 0.01이다. 이 수치를 식에 대입하면 다음과 같은 답이 나온다.

$$P(H)=0.8\times0.6+0.01\times0.4=0.484$$

즉, 이메일 전체에 'H'가 포함되어 있을 확률은 0.484이다. 따라서 'H'라는 키워드가 이메일에 포함되어 있고, 그것이 스팸 메일일 조건부 확률을 계산하면 다음과 같다.

$$P(스팸|H)=0.8\times0.6\div0.484\fallingdotseq0.9917$$

이것은 곧 'H'라는 키워드로 필터링을 하면 99.17퍼센트의 스팸 메일을 걸러낼 수 있다는 의미이다. 한편으로 이것은 극히 일부이지만 스팸 메일이 일반 메일로 분류될 가능성이 아직 남아 있다는 것을 의미한다. 이처럼 '조건부 확률'을 보면서 정확도를 높여나가는 것이 베이즈 통계이다.

수학은 어떻게 무기가 되는가

'정말?'이
진실이 되는 순간

'확률'이라고 하면 많은 사람들이 막연한 이미지를 떠올리는 경향이 있다. 슬쩍 보고 좋은 쪽으로 생각하거나 나쁜 쪽으로 생각하는 경향이 있다는 말이다. 하지만 막연하게 생각하는 확률과 실제로 계산한 확률 사이에 상당한 차이가 있는 경우가 있다. 아래의 문제를 통해 막연히 생각한 확률과 실제 확률 사이에 얼마나 차이가 날 수 있는지 확인해보자. 과거에 한 의과 대학의 입시에 다음과 같은 문제가 출제된 적이 있다.

병에 걸린 사람에게 검사법 T를 적용하면 98퍼센트의 확률로 병에 걸렸음이 올바르게 진단된다. 병에 걸리지 않은 사람에게 검사법 T

를 적용하면 5퍼센트의 확률로 병에 걸렸다고 잘못 진단된다. 검사법 T를 적용하자 병에 걸린 사람의 비율은 3퍼센트, 병에 걸리지 않은 사람의 비율은 97퍼센트였다. 이때 정말로 병에 걸렸을 확률은 얼마일까?

많은 사람들이 이 문제를 보면 병에 걸린 사람에 대해 98퍼센트의 확률로 병에 걸렸다고 올바르게 진단하므로, 병에 걸렸다고 진단되었다면 진짜로 병에 걸렸을 확률도 98퍼센트라고 생각한다. 하지만 정말로 그럴까? 이 문제를 베이즈 정리에 대입해 보자. 그러면 다음과 같은 식을 세울 수 있다.

$$P(병|병진단)=P(병진단|병)P(병)/P(병진단)$$

P(병)은 병에 걸린 사람의 비율로 3퍼센트, 0.03이다. P(병진단|병)은 병에 걸린 사람에게 검사법 T를 적용했을 경우 병에 걸렸다고 올바르게 진단되는 조건부 확률로 98퍼센트, 0.98이다. P(병진단)은 검사법 T를 적용했을 때 병에 걸렸다고 진단될 확률로, P(병진단)=P(병진단|병)P(병)+P(병진단|건강)P(건강)이다. P(건강)은 병에 걸리지 않은 사람의 비율로, 97퍼센트, 0.97이다. P(병진단|건강)은 병에 걸리지 않은 사람에게 검사법 T를

수학은 어떻게 무기가 되는가

적용했을 경우 병에 걸렸다고 잘못 진단될 조건부 확률로, 5퍼센트, 0.05이다. 따라서 검사법 T를 적용했을 때 병에 걸렸다고 진단될 확률은 다음과 같이 계산할 수 있다.

$$P(병진단)=0.98 \times 0.03+0.05 \times 0.97=0.0779$$

즉, 검사법 T를 적용했을 때 병에 걸렸다고 진단될 확률은 0.0779다. 이제 이 수치를 이제 'P(병|병진단)=P(병진단|병) P(병)/P(병진단)'에 대입하면 다음과 같은 결과가 나온다.

$$P(병|병진단)=0.98 \times 0.03 \div 0.0779 \fallingdotseq 0.3774$$

답은 약 38퍼센트가 된다. 다시 말해 검사법 T를 적용했을 때 병에 걸렸다고 진단되었더라도 62퍼센트의 사람은 사실 병에 걸리지 않았다는 말이다. 병에 걸린 사람에 대해 98퍼센트의 확률로 병에 걸렸다고 올바르게 진단함에도 말이다. 이 결과를 보고 신기하게 생각하는 사람도 많을 것이다.

여기에서 핵심은 처음부터 실제로 병에 걸린 사람의 비율이 3퍼센트밖에 안 된다는 데 있다. 식이 아니라 실제 숫자를 대입해서 차근차근 계산해보면 알 수 있다.

검사법 T를 적용한 사람의 총수가 1만 명이라고 가정할 때, 병에 걸리지 않은 사람은 97퍼센트이므로 실제 숫자는 9700명이고, 병에 걸린 사람은 3퍼센트이므로 실제 숫자는 300명이다. 병에 걸리지 않은 사람을 검사했을 때 병에 걸렸다고 잘못 진단할 확률이 5퍼센트이므로 9700명 중에서 485명이 병에 걸렸다고 잘못된 진단을 받게 된다.

한편 병에 걸린 98퍼센트가 병에 걸렸다고 올바르게 진단되므로 300명 중에서 정말 병에 걸린 사람은 294명이다. 앞에서 병에 걸렸다고 잘못 진단받은 485명과 정말로 병에 걸린 294명이 병에 걸린 것으로 진단을 받았다. 따라서 병에 걸렸다고 진단된 사람의 합계는 485+294=779명이다. 779명 가운데 정말로 병에 걸린 사람은 294명이므로 294÷779≒0.3774, 약 38퍼센트가 나온다.

베이즈 통계는 결과를 들으면 '정말?'이라는 생각이 드는 경우가 많다. 그러나 실제 숫자를 대입해서 계산해보면 깔끔하게 이해가 된다는 것이 베이즈 통계의 재미있는 점이기도 하다.

수학은 어떻게 무기가 되는가

상금을 받는 비법!
바꿀 것인가, 바꾸지 않을 것인가

확률을 막연한 이미지로 파악하는 것이 어떤 문제가 있는지 또 다른 한 가지 예를 살펴보자. 베이즈 통계를 이야기할 때면 반드시 소개되는 것이 '몬티 홀 문제'이다. 몬티 홀은 미국의 방송 사회자의 이름으로, 이것은 TV 프로그램에서 실제로 일어났던 일이다.

몬티 홀이 진행한 프로그램에는 매우 인기 있는 게임이 있었는데, 그 게임은 다음과 같다. 'A', 'B', 'C'라는 세 개의 문이 있고, 그중 하나에는 반드시 상품이 숨겨져 있다. 따라서 당첨 확률은 1/3이다. 참가자가 먼저 그중 하나의 문을 선택한다. 그러면 답을 알고 있는 사회자가 꽝인 문을 하나 골라서 제외시키는데, 이 시점에서 참가자는 다시 한 번 남은 두 개의 문 가운데서 하나를 고를 수 있다. 즉, 처음에 한 선택을 그대로 유지할 것인가, 아니면 선택을 바꿀 것인가, 그리고 그 결정의 결과는 어떻게 될 것인가를 알아보는 재미있는 게임이다.

이 경우 선택을 바꿀 때 어떤 변화가 일어날까? "바꾸는 편이 좋아"라든가 "바꾸지 않는 편이 좋아"라고 말할 수 있을까? 언뜻 '문이 두 개가 되었으니까 바꾸든 바꾸지 않든 당첨 확률은 1/2로 똑같지 않아?'라고 생각할 수 있다. 그런데 IQ가 높은 것으로 유명한 어느 칼럼니스트가 선택을 바꾸면 당첨 확률은 2배가 된다고 주장하면서 논란을 일으켰다.

이것은 사실 확률의 공리에 입각해서 생각하면 간단한 이야기이다.표19 참조

처음에 참가자가 A의 문을 선택했다고 가정하자. A가 당첨될 확률은 1/3이므로 나머지 B와 C가 당첨될 확률은 합쳐서 2/3이 된다. 그런데 답을 알고 있는 사회자가 이후에 C의 문을 열었다고 가정하자. C는 꽝임이 밝혀졌다. 그러면 C가 없어지면서 그 시점에 B가 당첨될 확률은 2/3이 된다. 확률을 전부 더하면 1이 되어야 하기 때문이다. 따라서 선택을 A에서 B로 바꾸는 편이 당첨 확률은 높아지는 것이다. 이 결과에 놀란 사람도 있지 않을까?

물론 사회자가 꽝을 하나 골라서 제거한다는 사후적인 정보가

수학은 어떻게 무기가 되는가

|표19| 몬티 홀 문제

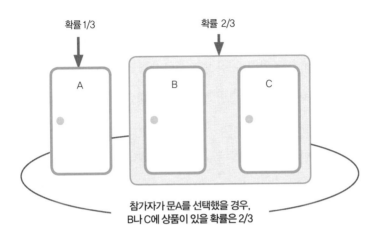

참가자가 문A를 선택했을 경우,
B나 C에 상품이 있을 확률은 2/3

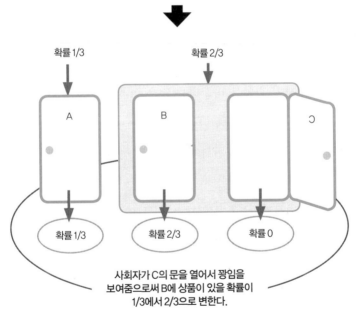

사회자가 C의 문을 열어서 꽝임을
보여줌으로써 B에 상품이 있을 확률이
1/3에서 2/3으로 변한다.

없고 상황에 변화가 없다면 세 개의 문 모두 당첨 확률이 1/3이라는 것은 달라지지 않는다. 그러나 A를 선택한 뒤에 C가 꽝임을 알았다는 '사후 정보'에 따라 B에 상품이 있을 확률이 1/3에서 2/3으로 바꾸는 것이다. 이것은 수학적으로 증명이 되었다. 또한 실제로 실험을 해봐도 그런 결과가 나온다는 것이 밝혀졌다.

사후적인 정보가 없다면, 다시 말해 사회자가 꽝인 문을 보여주지 않았다면 처음의 선택을 바꾸든 바꾸지 않든 확률은 같다. 하지만 새로운 정보가 주어졌을 때 확률이 변한다는 사실을 아는 사람은 자신의 선택을 바꾼다. 행동에 커다란 차이가 생기는 것이다. 이처럼 자신이 선택한 이후에 정보가 바뀐다면 확률이 바뀌게 되고, 이때는 자신의 선택을 다시 생각해봐야 한다.

사후 정보가 확률을 바꾼다는 것은 현재 진행되고 있는 상황이 변하면 확률 또한 변한다는 의미이다. 이것이 베이즈 통계가 실용적인 이유이며, 이 변화에 대응하는 것을 '베이즈 갱신'이라고 한다.

이처럼 확률은 여러 가지 새로운 정보가 들어오면서 변할 수 있다. 따라서 일상생활이나 비즈니스에서도 새로운 정보에 따라 확률이 달라진다는 사실을 알고 자신의 선택을 바꿀 수 있어야 한다. 이것이 확률적 사고의 핵심이다.

수학은 어떻게 무기가 되는가

제약 회사가 확률을
사용하는 방법에 속지 마라

앞에서 이야기했듯이, '리스크'란 확률의 표현이다. 정확히 말하면 (손해가 발생할 확률)×(손해의 중대함)을 리스크라고 한다.

하지만 많은 사람은 '리스크가 있는가, 없는가'라는 식으로 생각한다. 예를 들어 어떤 문제가 발생하면 언론은 반드시 전문가에게 "안심해도 됩니까? 리스크는 없습니까?" 같은 질문을 한다. 이때 성실한 전문가일수록 "절대라는 것은 없습니다"라고 대답하는데, 그러면 언론은 하나같이 "전문가가 위험하다고 말했다"라고 보도한다.

이 세상에서 가능성이 '0'인 사건은 있을 수 없다. 지금 이 순간에 남산 타워에 운석이 떨어질 가능성은 지극히 낮지만 그렇다고 0은 아니다. 전문가가 "가능성은 0이 아닙니다", "무조건 안심할 수는 없습니다"라고 말하는 것은 당연하다. 하지만 이 말을 들은 사람들은 금방 '가능성은 있구나. 위험하다는 말이네'라고 생각해버린다.

앞에서도 말했듯이, 리스크는 확률이기 때문에 0 또는 1이 아니라 0과 1 사이의 수치가 된다. '리스크가 있다'라든가 '리스크는 없다'라고 단정적으로 생각하는 것은 잘못이다. 다시 한 번 말하지만, 본래 확률 계산 없이는 리스크라는 말을 쓸 수 없음을 알아두자.

참고로 리스크를 설명하는 방식에는 두 종류가 있다. '절대 리스크 표시'와 '상대 리스크 표시'다. 이것을 모르는 사람도 많을 것이다.

다음의 예를 통해 '절대 리스크'와 '상대 리스크'가 무언인지 알아보자.

5년에 걸쳐 1,000명이 콜레스테롤 강하제를 복용했고, 그중 32명이 사망했다. 다른 1,000명은 가짜약을 복용했고, 그중 41명이 사망했다. 이 9명이라는 차이는 강하제의 효과가 있었음을 의미한다.

수학은 어떻게 무기가 되는가

절대 리스크 표시는 이 사실을 1,000명당 사망자가 41명에서 32명으로 감소했다면 4.1퍼센트에서 3.2퍼센트가 된 것이므로, 콜레스테롤 강하제는 4.1-3.2=0.9퍼센트의 사망률 감소 효과가 있다고 설명한다. 그리고 "콜레스테롤 강하제는 환자의 사망률을 0.9퍼센트 저하시킨다"라고 말한다.

한편 상대 리스크 표시는 9명이 강하제를 먹고 목숨을 건졌으므로 사망률을 9÷41≒0.2195, 즉 22퍼센트 저하시켰다고 설명한다. 그리고 "콜레스테롤 강하제는 환자의 사망률을 22퍼센트 저하시킨다"라고 한다.

양쪽 모두 틀린 것은 아니다. 그러나 절대 리스크 표시와 상대 리스크 표시는 같은 리스크라는 말을 사용하면서도 숫자가 크게 다르다. 상대 리스크 표시 쪽이 강하제의 효과를 더욱 커 보이게 한다. 따라서 제약 회사에서는 대부분 상대 리스크를 사용한다.

하지만 나는 절대 리스크 표시로 된 설명을 봤을 때 더 명쾌하게 느껴진다. 그러나 4.1퍼센트에서 3.2퍼센트가 되었다는 식의 퍼센티지 표시는 직감적으로 잘 와닿지 않는다. 역시 1,000명 중 41명에서 32명이 되었다는 식으로 실제 숫자를 이용해 표시해야 이해하기도 쉽고 오해의 여지도 적다. 무엇보다 리스크를 논의할 때는 지금 절대 리스크와 상대 리스크 중 무엇을 가지고 설명하고 있는지 분명하게 밝힐 필요가 있다.

어떻게 나와 국가의 안전을
확률에 의지하나?

앞에서 설명한 몬티 홀 문제에서 봤듯이, 대부분의 사람들은 확률을 정확하게 파악하지 못한다.

인간이 확률을 제대로 인식하지 못하는 경우가 많다는 사실을 보여주는 '생일의 역설'이라는 유명한 문제가 있다. '어떤 그룹의 인원수가 몇 명 이상일 때 그 그룹에 생일이 같은 사람이 두 명 존재할 확률이 50퍼센트가 넘게 될까?'라는 문제이다. 계산이 복잡해지므로 윤년은 제외한다.

자세한 계산은 생략하지만, 정답은 23명이다. 41명이면 생일이 같은 사람이 있을 확률이 90퍼센트를 넘어가고, 57명이면 99퍼센트가 넘는다. 이 결과를 보면 대부분의 사람들은 '필요한 인

수학은 어떻게 무기가 되는가

원수가 그것밖에 안 돼?'라고 생각한다. 자신과 생일이 같은 경우만을 생각하고 자신 이외에 두 명의 생일이 같을 경우는 생각하지 않기 때문이다. 이처럼 가능성을 '과부족 없이' 생각하지 못하면 올바른 확률은 계산할 수 없다.

확률을 통해서 이야기해야 하는 것 가운데 하나가 안전 보장의 문제가 있다. 여기에서는 '생일의 역설'과 비슷한 일이 종종 일어난다. 이를테면 동맹을 맺으면 전쟁에 휘말릴 확률이 높아진다는 의견이 있다. 하지만 이런 주장에는 동맹을 맺음으로써 동맹국으로부터 공격당할 확률이 낮아진다는 관점이 빠져 있는 것이 아닐까?

안전 보장은 확률론이다. 이를 위해서는 먼저 피해야 할 대상인 전쟁 자체에 관해 확실히 알고, 특히 수량적으로 살펴볼 필요가 있다. 전쟁의 기초 데이터에 관해서는 '전쟁의 상관(相關) 프로젝트'라는 웹사이트가 도움이 된다(https://correlatesofwar.org/). 이 사이트에서는 1816년 이후의 전쟁 데이터가 공개되어 있다. 이곳에서는 전쟁을 '1,000명 이상의 전사자를 낸 군사 충돌'로 정의하는데, 이것은 국제 정치 관계학에서 널리 사용되고 있는 수량적 정의이다.

이 사이트의 자료를 바탕으로 국가 간의 전쟁만 살펴보기로 하자. 먼저 제2차 세계대전 이후 2007년까지 38회의 전쟁이 일어났다. 그리고 그 38회의 전쟁에 관여한 국가의 수를 살펴보면, 한국전쟁(1950~1953)에 관여한 국가의 수가 가장 많았고, 그다음으로 베트남 전쟁(1955~1975), 걸프전쟁(1991), 코소보 전쟁(1998~1999)이 뒤를 이었다.

다음으로 38회의 전쟁이 어느 지역에서 벌어졌는지를 살펴보면, 아시아 지역이 39퍼센트로 가장 많았고, 뒤를 이어 중동 지역이 24퍼센트, 아프리카가 16퍼센트, 유럽이 13퍼센트, 서반구 지구(남북아메리카)가 8퍼센트였다. 38회의 전쟁 가운데 40퍼센트에 가까운 15회의 전쟁이 아시아 지역에서 발생했다.

제2차 세계대전 이후 세계에서 가장 전쟁이 많이 일어난 지역은 아시아였다. 아시아 지역의 전쟁에는 다양한 국가가 관여했다. 아시아 지역에서 일어난 전쟁에 관여한 누적 햇수를 살펴보면, 베트남이 22년, 태국이 19년, 캄보디아가 18년, 대한민국이 13년, 필리핀이 13년, 중국이 10년이다. 아시아 국가 이외에는 미국이 22년, 오스트레일리아도 14년이나 된다.

흔히 우리는 전쟁이 많이 일어나는 지역으로 아프리카나 중동 일부 지역이라고만 생각하기 쉽다. 하지만 아시아는 세계에서도 전쟁이 많이 발생한 지역이다. 이 현실에 입각하지 않으면 안전에 대한 논의는 앞으로 나아갈 수 없다.

세계 평화도
확률로 말할 수 있다?

평화도 확률로 계산할 수 있을까? 실제로 평화를 확률로 계산할 수 있다는 생각을 가진 사람은 거의 없을 것이다. 대부분의 사람들은 그저 이웃나라를 이유 없이 적대시하는 것은 좋지 않다는 소박한 평화론을 가지고 있을 뿐이다. 하지만 평화까지도 확률로 계산하려 한 이론이 있다. 바로 '민주 평화론'이다.

'민주 평화론'은 18세기 프로이센의 철학자인 이마누엘 칸트가 주장한 이론으로, 민주주의(공화제)를 채용한 국가 사이에서는 전쟁이 잘 일어나지 않는다는 것이다. 칸트는 '민주주의(공화제)', '경제적인 의존 관계', '국제적 조직 가입'이라는 세 가지 요소가 전쟁을 막고 평화를 증진시킨다고 말했다. 이것을 '칸트의 삼각형'이라고 부른다.

이 이론에 따르면 민주주의를 채택하고 있지 않은 독재국가가 민주주의 국가보다 전쟁을 일으킬 확률이 더 높다. 민주주의 국가에서는 국가의 행동이 선거를 통해서 뽑힌 정치인들의 회의를 통해서 결정된다. 또한 선거를 좌우하는 여론이나 삼권 분립 같은 권력의 상호 억제 기능을 갖추고 있기 때문에 근본적으로 전쟁 같은 극단적인 행위가 일어나기 어렵다. 상대도 민주주의 국가라면 상황은 같다. 한편 독재 국가에서는 선거나 권력의 상호 억제 기능이 없기 때문에 전쟁 같은 극단적인 행동이 일어나기 쉽다. 독재자 혹은 독재 정당이 전쟁을 결정하면 그것을 막을 시스템이 없는 것이다.

'민주 평화론'에 대해서는 민주주의의 정의가 모호하다거나 예외가 많다는 등의 비판이 있었다. 그러나 미국의 국제정치학자인 브루스 러셋과 존 R. 오닐은 방대한 전쟁 데이터를 이용해 실증적으로 분석하고, 그 결과를 집대성한《평화의 삼각구도(Triangulating Peace)》(2001)라는 제목의 책에서 민주 평화론의 명제는 옳으며, 민주주의 국가 사이에서 전쟁이 발생하는 경우는 아주 드물다는 결론을 내렸다.

기존의 국제 정치 관계론에서는 전쟁 억제에 관한 관점은 크게 두 가지로 나뉜다. 군사력을 통한 힘의 균형론을 중시하는 현실주의적 관점과 군사력뿐만 아니라 무역 등의 경제적 요소를 중시하는 자유주의적 관점이다. 민주 평화론을 포함하는 칸트의 삼각형은 자유주의를 대표하는 사고방식이다.

러셋과 오닐은 군사력과 관련된 현실주의의 요소를 ①유효한 동맹 관계, ②상대적인 군사력의 두 가지로 보았고, 자유주의를 대표하는 칸트의 삼각형을 ③민주주의의 정도, ④경제적 의존 관계, ⑤국제적 조직 가입이라는 세 가지로 보았다.

그리고 이렇게 치환해서 수학적으로 계산한 결과, ①~⑤의 모든 요소가 전쟁을 일으킬 리스크에 영향을 끼친다는 사실이 밝혀졌다. 그렇다면 이 다섯 가지 요소가 전쟁의 리스크에 미치는 영향은 각각 어느 정도일까?

러셋과 오닐은 ① 유효한 동맹 관계를 맺으면 전쟁의 리스크는 40퍼센트 감소하고, ② 상대적인 군사력이 일정 비율(표준편차분)로 증가할 때에도 전쟁의 리스크가 36퍼센트 감소한다고 보았다. 마찬가지로 ③ 민주주의의 정도와 ④ 경제적 의존 관계, ⑤ 국제적 조직 가입의 경우에도 전쟁의 리스크가 각각 33퍼센트, 43퍼센트, 24퍼센트 감소한다는 것이다. 이 다섯 가지는 '평화의 5요소'로도 불린다. 이것들이 어떻게 전쟁의 리스크를 줄이는 것일까? 이에 대해 러셋과 오닐은 다음과 같이 설명한다.

① **유효한 동맹 관계**: 동맹 상황을 보고 전쟁을 단념할 가능성이 높아진다. 또한 동맹국끼리는 전쟁을 할 가능성이 낮아지므로 전쟁의 리스크를 줄인다.

② **상대적인 군사력**: 국가 간의 군사력 균형이 무너지면 전쟁이 일어날 리스크가 높아진다. '지금 싸우면 이길 수 있지 않을까?'라고 생각하기 때문이다. 군사력이 균형을 이룰수록 전쟁을 했을 때 손실이 커질 가능성이 높아지기 때문에 전쟁 억제력이 높아진다. 군사력에서 너무나 큰 차이가 날 경우는 열세인 나라가 우위인 나라에 속국화되기 때문에 전쟁의 리스크는 낮아진다.

③ **민주주의의 정도**: 한쪽 국가가 비민주주의라면 전쟁의 리스크는 커지며, 양쪽 모두 비민주주의 국가라면 전쟁의 리스크는 더욱 커진다.

④ **경제적 의존 관계**: 무역 등으로 경제적 의존 관계가 강한 상대와 전쟁을 시작하면 전쟁을 시작한 순간 자국도 커다란 경제적 타격을 입기 때문에 경제적 의존 관계에 있는 국가 사이에서는 전쟁의 리스크가 낮아진다.

⑤ **국제적 조직 가입**: 가령 유엔 헌장은 자위권의 행사나 군사 제재 등의 예외를 제외하면 무력을 통한 위협을 금지한다. 전쟁의 위법

화를 강하게 의식하기 때문에 전쟁 억제의 효과가 있다.

따라서 평화를 유지하기 위해서는 우리 주변 국가에 대해 ①~
⑤의 모든 요소를 과부족 없이 고려해서 리스크를 낮출 필요가
있다.

+× 수학을 무기로 만드는 비법 √÷

- 확률의 수치가 없다면 '리스크'라는 말은 사용할 수 없다.
- 주관적 확률은 사람의 생각까지도 수학적인 확률로 파악할 수 있는
  이론이다.
- 느낌만 가지고 막연하게 생각하는 확률은 대부분 잘못된 것일 경우가
  많다.
- 비즈니스에서 이용되는 '베이즈 확률'은 정보를 통해서 계속 갱신되
  는 확률이다.
- 안전 보장은 '평화의 5요소'의 확률에 입각해서 생각한다.

제5장

문과 바보는 수학적 사고로 세상을 보는 수준이 달라졌다

설득력 있는 의견은
수학적 사고의 절차를 따른다

앞 장에서는 통계나 확률이 사건을 예측해서 세상에 도움을 주기 위해 존재하며, 어떤 발상을 통해서 계산되는지에 대해 이야기했다. 특히 문과적 사고방식에 익숙한 사람에게는 통계나 확률의 사고 과정은 신선한 자극이 되었을 것이다. 또한 계산을 할 때는 데이터를 편향되지 않게 수집하고, 경우를 과부족 없이 고려하는 것이 중요하다는 이야기도 했다.

업무 현장에서도 때로는 '이 사람의 의견은 설득력이 있어'라는 생각이 드는 경우가 있는데, 그런 사람들의 의견을 하나하나 따져보면 수량적인 사고 절차를 충실하게 따른 의견일 때가 많다는 사실을 알 수 있다.

수학은 어떻게 무기가 되는가

통계나 확률을 통한 사건의 예측은 충분한 전제가 있을 때 비로소 의미가 있다. 신문이나 텔레비전 등의 언론에서도 어떤 수치를 예측하여 발표하는 경우가 있다. 그리고 업무에 언론에서 발표한 숫자를 이용할 경우도 많은데, 그 숫자를 전면적으로는 믿지 않더라도 어느 정도는 믿는 사람이 많을 것이다. 그런데 실제로는 어떨까?

예를 들어 국회의원 선거의 획득 의석수 예상은 언론의 숫자 예측의 꽃으로 알려져 있다. 결론부터 말하면 같은 기초 데이터를 사용함에도 언론에 따라 예상 수치에 상당히 차이가 발생한다. 지금부터 그 이유가 무엇인지 알아보자. 그 전에 숫자 예측을 볼 때는 그 숫자가 나온 배경에도 주의할 필요가 있음을 기억해 두기 바란다.

2017년 10월 22일에 일본에서 있었던 중의원 선거의 예를 살펴보자. 이 선거에서 대부분의 언론이 자민당과 공명당이 300석에 가까운 의석을 차지할 것으로 내다봤다. 10월 11일부터 13일에 걸쳐 각 신문사가 내놓은 선거 결과 예측을 보면,《아사히신문》과《마이니치신문》,《산케이신문》, 교도통신에서는 여당인 자민당과 연립여당 공명당이 300석 가까운 의석을 얻을 것으로 예상했고,《요미우리신문》과《닛케이신문》도 여당인 자민당만의 단독 과반수라는, 앞의 신문들과 크게 다르지 않은 예측을 내놓았다.

하지만 다른 예측을 내놓은 언론도 있었다. 10월 5일에 발행된 《주간 분슌》에서는 '자민당 214석, 공명당 34석, 일본유신회 27석, 희망의당 101석, 공산당 22석, 입헌민주당 28석'이라고 선거 결과를 예측했고, 10월 11일에 발행된 《주간 겐다이》에서는 '자민당 54석 감소, 희망의당 80석, 입헌민주당 40석'이라고 예상을 발표했다. 두 언론사는 자민당이 선거에서 대패할 것으로 예상한 것이다.

나도 10월 9일에 《겐다이 비즈니스》의 웹사이트에 '자민당 260석, 공명당 35석, 일본유신회 25석, 희망의당 80석, 공산당 25석, 입헌민주당 15석'으로 예상치를 발표했다. 나의 예상은 연립여당인 자민당과 공명당의 의석수에서 《주간 분슌》의 예상과 50석 가까이 차이가 났다.

《주간 분슌》이 사용한 기초 데이터와 내가 사용한 기초 데이터는 거의 같은 시점의 자료였다. 나는 데이터를 그대로 식에 대입해서 계산했다. 계산식은 다음과 같은 조건을 바탕으로 만들어진다. 비례 대표 투표 데이터를 통해 소선거구의 획득 의석수를 예측할 수 있는데, 다만 소선거구는 한 명만 당선되기 때문에 투표율이 조금만 차이 나도 큰 차이가 발생한다.

외국에서는 소선거구제일 경우, 정당의 의석수는 그 당의 득표율의 세제곱에 비례한다는 '세제곱의 법칙'이 알려져 있다. 하지만 일본의 최근의 데이터를 봤을 때 '제곱의 법칙'이 적용됨을 알 수 있다. 따라서 '제곱의 법칙'에 입각해 소선거구의 당선자 수를 예측했다. 다시 말해 정당 득표율이 그대로 반영되는 비례 의석수가 1:2라면, 소선거구의 의석수는 1:4에 가까워진다는 것이다. 그리고 이런 예측을 바탕으로 만든 계산식에 가장 최근 여론 조사의 정당 지지율 데이터를 입력하면 획득 의석수를 예측할 수 있다.

10월 15일에 나는 가장 최근의 여론 조사 수치로 데이터를 갱신해 개정된 예상을 내놓았다. '자민당 275석, 공명당 30석, 일본유신회 15석, 희망의당 65석, 공산당 15석, 입헌민주당 40석.' 그리고 실제 선거 결과는 '자민당 284석, 공명당 29석, 일본유신회 11석, 희망의당 50석, 공산당 12석, 입헌민주당 55석'이었다.

자민당과 공명당은 거의 허용 범위라고 할 수 있지만 입헌민주당과 희망의당은 예상이 빗나갔다. 합계는 맞았지만 내역이 틀린 것이다. 각 신문사의 예상도 대체로 비슷해서, 자민당과 공명당의 의석수는 맞았지만, 입헌민주당과 희망의당은 틀렸다. 그런 가운데 자민당이 대패할 것으로 내다봤던《주간 겐다이》와 《주간 분슌》의 예측은 완전히 빗나갔다.

언론에 따라 다른 예측이 나오는 이유는 기초 데이터가 다르기 때문일 수도 있으니, 각각의 신문사가 어떤 데이터를 이용했는지 살펴볼 필요가 있다. 각 신문사가 공표한 조사 개요는 다음과 같다.

- **교도통신**: 10월 10~11일의 2일간에 걸쳐 컴퓨터를 사용해 무작위로 발생시킨 전화번호로 전화를 거는 방법으로 실시. 실제로 유권자가 있는 세대에 전화가 연결된 건수는 11만 8,901건. 회답을 얻은 건수는 9만 261건.
- **《아사히신문》**: 10월 10~13일의 4일간에 걸쳐 컴퓨터를 사용해 무작위로 작성한 고정 전화번호로 조사원이 전화. 유권자가 있는 세대로 판명된 전화번호는 15만 3,239건. 유효 회답은 8만 8,152건.
- **《닛케이신문》**: 닛케이 리서치가 10월 10~12일에 걸쳐 무작위로 선정한 전국의 유권자 13만 299명을 대상으로 전화. 유효 회답은 7만 8,285건.

전부 컴퓨터가 난수로 만들어낸 전화번호를 사용하는 'RDD (Random digit dialing)'라는 방식으로 8~9만 명 정도의 회답을 얻어서 기초 데이터로 삼았다. 이것은 대규모 여론 조사에 속하며, 비용도 상당히 들어간다. 신문사 한 곳의 능력으로는 어려울 경우도

수학은 어떻게 무기가 되는가

있기 때문에 여러 신문사가 데이터를 공유하는 것이 보통이다.

《마이니치신문》과《산케이신문》은 교도통신의 데이터를 사용했다.《요미우리신문》은《닛케이신문》과 데이터를 공유했다. 즉, 실제로 조사한 곳은《아사히신문》과《닛케이신문》, 교도통신의 3사인 셈이다.

이 3사는 같은 시기에 비슷한 규모의 조사를 실시했다. 따라서 데이터를 그대로 사용해서 예측을 했다면 예상 수치에 큰 차이가 발생할 리가 없다. 그러나 자민당의 획득 의석수 예상은《닛케이신문》이 260석인 데 비해 교도통신은 289석,《아사히신문》은 286석으로 30석 가까이 차이가 났다.

이런 차이가 발생한 이유가 뭘까? 관계자의 이야기에 따르면, 각 선거구에 인원을 투입해 유권자들의 이야기를 듣고, 취재를 통해서 알게 된 개별 선거구의 정세를 반영했다고 한다. 다시 말해 각 신문사가 취재 결과를 반영하여 데이터를 조정했다는 것이다. 취재 대상이 편향적인 사람이라면 취재 결과도 당연히 편향될 수밖에 없다. 이것은 사실상 숫자를 조작한 것과 같다.

주간지의 경우는 기초 데이터에 따른 예상을 더욱 심하게 수정해서 보도했다. 정치에 영향을 주고 싶어서인지 아니면 매출을 늘리고 싶어서인지는 알 수 없지만, 강렬한 인상을 주는 숫자와 헤드라인을 만들어낸 것이다. 이처럼 정확한 데이터를 바탕으로 객관적으로 분석하지 못하고 예측하는 사람의 기대나 바람이 반영될 경우, 같은 데이터도 이렇게 달라질 수 있다는 사실을 알아두면 언론사의 조사 결과를 바라보는 시각도 달라질 것이다.

수학은 어떻게 무기가 되는가

출구 조사는 정확히
당선과 낙선을 예측할 수 있을까?

앞에서 나의 선거 결과 예측도 구체적으로 소개했는데, 나는 신문사처럼 돈을 들여서 한 것은 아니다. 그럼에도 큰 차이가 없는 예상을 할 수 있었는데, 이것은 모델식을 사용했기 때문이다. 모델식을 만들기까지는 굉장히 힘이 들지만, 일단 식이 완성되면 그 다음에는 데이터를 입력하기만 하면 된다. 취재 따위는 필요 없다.

그러나 나는 데이터를 이용한 예상이 절대적이라고 생각하지는 않는다. 다만 독자적인 취재라는 이름으로 인위적인 요소를 넣기보다는 데이터만을 이용해서 예상하는 편이 적중률이 더 높다고 말할 뿐이다.

데이터를 이용한 예상이 크게 빗나가는 경우도 있다. 예를 들어 여론 조사를 실시한 시기와 선거 당일의 지지율이 크게 다르면 데이터를 통한 예상은 빗나간다. 이것을 정치의 세계에서는 "바람이 불었다"라고 말한다.

예상이나 예측이 무엇인지를 설명하는 데 선거만큼 좋은 사례도 없으니, 선거 이야기를 조금만 더 해보자. 대부분의 선거에서는 실제 개표 결과가 나오기 전에 각 언론이 각 지역구에 조사원을 보내서 실시한 '출구 조사'라는 것을 발표한다. 이에 대해 개표 작업이 끝나지도 않았는데 어떻게 당선 확실이라고 발표할 수 있는지 신기하게 생각하는 사람도 많을 것이다.

어떻게 출구 조사로 당선 확실을 공표할 수 있는 것일까? 제3장에서 살짝 다뤘던 '이항 분포'라는 통계 이론을 사용해서 예상을 뒷받침하기 때문이다. 출구 조사에서 입수하는 데이터는 '투표한 사람 중 몇 퍼센트가 그 후보자에게 투표했는가'이다. 그리고 '몇 퍼센트인가'는 '확률'의 이야기이다.

정원이 한 명인 어떤 선거구에 A, B라는 두 명이 입후보했다고 가정하자. 이항 분포에서는 '성공'과 '실패'의 확률을 분석한다. 이 경우에 투표 결과는 A가 당선되는 것을 '성공', A가 당선되지 못하는 것을 '실패'로 생각한다.

출구 조사 결과가 실제 투표 결과에 근접하기 위해서는 충분

수학은 어떻게 무기가 되는가

한 수의 데이터 조사가 필요하다. 상당한 수의 데이터를 모으면, 조사 결과는 '정규 분포'에 한없이 가까워져서 앞에서 설명한 정규 분포의 성질을 적용할 수 있게 된다. 다시 한 번 정규 분포의 특징을 짚고 넘어가자.

- 평균 ±표준 편차 1개분의 범위에 전체의 약 68퍼센트가 포함된다.
- 평균 ±표준 편차 2개분의 범위에 전체의 약 95퍼센트가 포함된다.
- 평균 ±표준 편차 3개분의 범위에 전체의 약 99퍼센트가 포함된다.

이때 문제는 '오차'이다. 공표할 가치가 있는 판단을 내리려면 최대 어느 정도의 오차를 고려해야 하는지 산출하기 위해 이항 분포를 사용한다. 자세한 계산은 생략하지만, '표본이 1,000명일 경우, 약 95퍼센트의 확률로 각 후보자의 실제 득표율은 출구 조사의 득표율에서 ±3퍼센트가 된다'라는 답이 나온다. 실제 당선에 필요한 득표율은 과반수인 51퍼센트이므로, 1,000명의 표본에서 54퍼센트 이상의 득표율을 기록했다면 약 95퍼센트의 확률로 그 사람의 당선이 확실하다고 예측할 수 있다는 의미이다.

다만 이것은 정규 분포의 성질에서 '약 95퍼센트'일 경우이다. 약 99퍼센트의 확률로, 즉 틀릴 가능성이 더 적은 예측을 하려고 한다면 최대 ±4.5퍼센트의 오차를 고려할 필요가 있다는 계산이 나온다. 이 경우 1,000명의 출구 조사에서 A의 득표율이 55퍼센트, B의 득표율이 45퍼센트로 나왔다면 상당한 자신감을 갖고 A의 당선이 확실하다고 방송하게 된다.

최고 전문가도 트럼프의 당선을
예측하지 못한 이유

예상한다는 것은 확률을 어떻게 생각하느냐이다. 언론이 제공하는 정보의 경우, 언론에는 확률이란 무엇인지를 제대로 이해한 사람이 적은 탓에 믿음이 곧 예상이 되어버릴 때가 많다. 그 좋은 예가 2016년의 미국 대통령 선거 보도이다.

도널드 트럼프가 힐러리 클린턴을 누르고 당선되었을 때, 대부분의 언론은 "미국의 여론 조사 예상이 빗나갔다"라고 보도했다. 그러나 이것은 잘못된 보도이다. 미국의 조사 기관은 여론 조사 데이터를 바탕으로 예측치를 산출한다. 여기에는 자의적인 요소는 포함되지 않으며, 오직 객관적인 데이터만으로 확률을 계산한다. 당시 미국의 조사 기관은 "힐러리 클린턴이 50퍼센트의 확률로 승리하고, 도널드 트럼프가 40퍼센트의 확률로 승리한다. 힐러리의 우세"라고 발표했다. 힐러리가 반드시 승리한다고는 말하지 않았으며, 우세하다고 말했을 뿐이다.

이 확률을 근거로 예상한 것을 정확하게 표현한다면 "상당한 접전이며, 트럼프가 승리할 가능성도 높지만 그보다는 힐러리가 승리할 확률이 조금 더 높다"라는 것이다. 나 또한 미국의 복수의 여론 조사를 바탕으로 계산해봤는데, 힐러리의 승리 확률이 55퍼센트 정도, 트럼프의 승리 확률이 45퍼센트 정도였다. 선거인 획득수로는 힐러리가 270 정도, 트럼프가 250 정도라는 예상이 나왔다.

조사 기관의 예상은 50개 주 중 2~3개 주에서는 빗나갔지만 다른 대부분의 주에서는 적중했다. 그러나 투표에서 승리한 주의 선거인단을 독식하는 방식인 미국의 대통령 선거 시스템에서는 2개 주만 우세가 뒤집혀도 결과가 크게 바뀐다. 그 결과 트럼프가 승리하게 된 것이다. 각 주의 승패를 맞혔느냐 맞히지 못했느냐만 보면 2개 주를 제외하고는 전부 예상이 적중했다.

요컨대 미국의 여론 조사는 거의 적중했던 셈이다. 다시 말해 여론 조사에 대해서는 '일부 주의 예상이 빗나갔고 그것이 결과에 커다란 영향을 끼쳤다'가 진실이라고 할 수 있다.

이것은 비단 미국에만 국한된 이야기는 아니다. 대부분의 국

수학은 어떻게 무기가 되는가

가에서 언론에는 사물을 확률적으로 생각할 수 있는 사람이 적은 듯하다. 힐러리를 지지하는 미국의 친민주당 언론은 "예상이 빗나갔다"라며 큰 충격을 받았다. 그러나 사실은 확률이 낮은 쪽이 실현되었을 뿐이다. 조사 기관의 보고에 따르면 확률이 낮다고는 해도 트럼프가 당선될 확률은 40퍼센트가 넘었다.

친민주당 언론에는 트럼프가 대통령이 되는 것을 바라지 않는 마음과 기대가 있었다. 편향이다. 편향이 있으면 확률적인 시점에서 데이터를 제대로 바라보지 못한다. 일본의 언론 또한 같은 편향이 있는 동시에 확률적으로 사물을 생각하지 못했기 때문에 힐러리가 승리한다고 믿었을 뿐이다. 세상에는 이런 형태의 보도나 정보가 많다는 사실을 알아두어야 한다.

한편으로 언론은 데이터를 공평한 눈으로 바라보지 못하고 믿음이나 희망 같은 자의적인 요소를 지나치게 집어넣는 바람에 신용을 잃고 '가짜 뉴스' 등으로 비판받는 상황이 되었음을 자각할 필요가 있다.

AI의 시대, 자신이 잘하는 일로
승부해야만 이긴다

위기감을 부추기는 보도나 근거 없이 특정 세력에 가담하는 보도, 이른바 가짜 뉴스라고 불리는 것들은 통계나 확률 같은 수량적인 부분을 모호하게 만듦으로써 보는 사람을 착각이나 편향에 빠지게 만든다. 물론 단순히 지식이 부족한 탓에 내용이 모호해져서 무슨 말을 하는 것인지 알 수 없어진 기사도 있다.

그와 함께 가짜 뉴스는 말의 정의(定義)를 모호하게 만들어서 유도하는 측면이 있음을 알아둘 필요가 있다. 이 또한 지식이 부족한 탓에 말의 정의가 모호해져서 의미를 알 수 없는 기사가 되어버리는 경우도 있다.

나는 이과 사람이어서 말의 정의라는 것에 매우 민감하다. 내

수학은 어떻게 무기가 되는가

가 전공했던 수학은 단언컨대 정의가 전부인 세계이다. 하나에 대해 한 가지 의미만이 있을 수 있으며, 어떤 개념에 대한 정의를 정확하게 하지 않으면, 수학은 성립하지 않는다.

숫자에 약한 사람은 대체로 정확한 정의를 제대로 하지 않은 채 말하는 경향이 있다. 그리고 같은 말을 반복해서 사용하기를 싫어한다. 다른 말을 사용해서 의미를 전달하는 것이 좋다고 생각하기 때문이다. 그러나 이것은 문제가 있다. 같은 개념이라면 같은 말을 계속 사용해야 논의가 진행된다. 말의 정의 때문에 개념에 혼란이 생기는 경우도 있는데, AI가 바로 여기에 해당한다.

AI는 '인공지능'으로 번역되는데, 애초에 이 번역이 오해를 부르고 있다. '지능'이라는 표현 때문에 마치 기계가 '지혜'를 갖고 있는 것처럼 생각하는 사람이 많다. 그러나 AI는 '지혜'를 전혀 가지고 있지 않다. 인간이 만든 프로그램대로 일할 뿐이다. AI가 인간보다 뛰어난 것은 대량으로, 그리고 고속으로 데이터를 처리할 수 있다는 점뿐이다. AI란 단순한 '프로그램'에 불과하며, AI가 할 수 있는 일은 전부 그것을 프로그램화할 수 있느냐 없느냐의 문제로 바꿔 생각할 수 있다. AI는 프로그램되지 않은 일을 할 수 없다. 반대로 프로그램화할 수 없는 것은 AI를 사용해도 할 수 없다.

AI에 관해 SF 영화 같은 이야기를 하는 사람을 곤란하게 만들 수 있는 가장 좋은 방법은 "어떤 프로그램을 짜면 그런 것을 할 수 있을까요?"라고 물어보는 것이다. 이 질문에 대답할 수 있는 사람이 없는 한, 현실에서 '그런 것'은 일어나지 않는다. 좀 더 말하면, 위험한 일을 일으킬 프로그램을 개발할 수 있다면 그런 위험한 일이 일어나지 않게 하는 프로그램도 만들 수 있다.

프로그램 중에는 진화형 프로그램이라는 것이 있다. 프로그램이 프로그램을 설계하는 것이다. 그러나 이것도 어디까지 프로그램을 설계할지를 결정하는 것은 사람이다. 단순한 프로그램이 인간을 '뛰어넘는' 일은 당분간은 있을 수 없다.

많은 사람들이 AI가 발달할 경우 우려되는 지점에 대해서 말한다. 그렇다면 우려하는 일이 발생하지 않도록 프로그램을 설계하면 된다. 우려되는 점이 있다면 우려를 불식시킬 프로그램을 고안해서 해결할 수 있다는 말이다. 그래도 AI가 두렵다면 전원을 꺼버리는 방법이 있다.

허황된 AI론에 속아서는 안 된다. SF 같은 이야기는 그만두고 현실의 AI에 관해 논리적으로 생각할 필요가 있다. 즉, AI가 인간을 뛰어넘는 일은 당분간 일어날 수 없지만, 인간의 일자리 중 일부를 빼앗는 일은 충분히 일어날 수 있다는 말이다.

컴퓨터의 우수한 점은 계산 능력이다. 그 능력을 살리기 쉬운

수학은 어떻게 무기가 되는가

분야는 정형적인 업무, 다시 말해 반복되는 업무이다. 예를 들면 변호사, 공인 회계사, 세무사 등의 직업은 어려운 국가시험을 통과해야 하므로 전문직처럼 생각되지만, 실제로 하는 일의 대부분은 정형적인 업무다. 변호사는 의뢰인으로부터 법률에 대한 질문을 받고, 법률 지식을 바탕으로 과거의 사례를 조사해서 법적인 조언을 한다. 사람이 과거의 모든 판례를 조사하는 것은 시간적으로나 능력적으로나 무리일지 모르지만, AI라면 대량의 판례 데이터베이스에서 유사한 판례를 찾아내 법적인 대응책을 제시하는 작업을 순식간에 해낼 것이다.

회계사, 세무사 등은 자격 요건을 충족시키지 못하는 사람에게는 그 업무를 금지시킴으로써 진입 장벽을 높이고 자신들의 존재 가치를 높여왔다. 그러나 AI를 비롯한 기술의 진보에는 그 장벽을 무너뜨리는 측면이 있다.

회계사나 세무사 이외에 의사, 금융업, 공무원, 출판업의 업무에서도 정형적인 업무는 계속해서 AI화될 것이 분명하다. 모든 직종이 사라지지는 않겠지만 지금보다 훨씬 적은 인원으로 일할 수 있게 될 것이다.

기계에 맡기는 것은 위험하다고 말한들 아무런 설득력도 없다. 기계에 맡겨 놓으면 적어도 고령자가 브레이크와 액셀레이터를 착각해서 잘못 밟는 사고는 일어나지 않을 것이다. 물론 AI

화하기가 어렵고 인간이 아니면 할 수 없는 일도 있다.

앞으로 성장할 것 같은 업종을 선택해달라는 질문을 받을 때가 있는데, 나도 그 답은 알 수 없다. AI화가 진행되었을 경우를 어느 정도 예측할 수는 있지만, 단정적으로 말하면 거짓말이 될 것이다.

AI의 시대는 반드시 오겠지만, 자신의 직업이 어떻게 될지, 회사가 어떻게 될지는 알 수 없는 측면이 많다. 그러나 알 수 없기 때문에 인생이 재미있는 것이다. 자신이 좋아하는 것, 잘하는 것을 살릴 수 있는 분야에서 활동하자. 그러면 두려울 것은 없다.

수학은 어떻게 무기가 되는가

'연금 붕괴'는
무지에서 비롯된 오해

우리나라의 연금 제도는 과연 안전한 걸까? "연금은 결국 파탄이 나는 건가? 나는 연금을 받을 수 없는 건가?"라는 걱정을 하는 사람이 많은 듯하다. 결론부터 말하면, 제도를 제대로 운용한다면 걱정할 필요는 없다. 현재의 제도가 제대로 운용된다면 연금 재정이 파탄 난다고 호들갑을 떨거나 비관할 필요는 없다.

현재의 연금 제도는 지금 연급을 납부하고 있는 사람의 부담을 최대한 줄이고 이에 상응해서 미래의 연금 지급액을 적당히 억제하는 시스템이다. 이것이 가장 안정적이다. 연금 제도는 안정적으로 운용되는 것이 가장 중요하며, 안정적으로 운용된다면 연금은 확실히 받을 수 있다.

일부 언론을 포함해 회계 지식이 없는 사람일수록 연금의 파탄에 대해 목소리를 높이는 경우가 많다. 연금 제도의 안정성은 연금을 부담하는 사람의 수나 받는 사람의 수와 같은 인원의 문제가 아니라, '금액'의 문제이다. 따라서 재무상태표를 기준으로 생각할 필요가 있으며, 재무상태표를 보면 연금 제도가 어떤 것인지도 알 수 있다.

징수하는 보험료는 '자산'이며, 재무상태표의 왼쪽에 기록된다. 지급해야 하는 연금은 '부채'이며, 재무상태표의 오른쪽에 적힌다. 공적 연금은 기본적으로 '부과(賦課) 방식'이다. 연금 지급을 위해 필요한 재원은 그때그때의 보험료 수입에서 마련된다. 다시 말해 공적 연금은 앞으로 자신이 연금을 수급할 때 필요한 재원을 연금을 납부하는 시기에 쌓아놓는 '적립 방식'이 아니다. 이것이 가장 중요한 부분이다. 다시 말해 공적 연금은 자산도 부채도 과거부터 먼 미래까지 전부 포함해서 재무상태표가 만들어진다는 의미이다.

정부는 영원히 보험료를 징수할 수 있으므로 '자산'은 무한대가 된다. 한편, 정부는 영원히 연금을 지급해야 하므로 '부채'도 무한대가 된다. 무한대라면 계산을 할 수가 없다고 생각하는 것은 수학이나 금융을 모르는 사람의 오해이다. 미래의 '자산'과 '부채'는 할인율을 사용해서 '현재 가치'로 변환하여 계산 가능

수학은 어떻게 무기가 되는가

한 금액으로 만들 수 있다.

연금이 '부과 방식'으로 운용되는 제도라는 것은 재무상태표를 봐도 명확하다. 부과 방식은 제도가 계속되는 것을 전제로 하며, '부채'와 '자산'이 반드시 일치하도록 계산된다. 따라서 채무초과는 발생하지 않는다.

연금 파탄론은 전부 재무상태표를 중간만 잘라내서 읽는 탓에 생겨난 오해이다. 영구적으로 계속될 것을 전제로 한 연금 제도와 연금 부채로 만들어진 재무상태표는 보험료가 곧 지급액이라는 식을 갖고 있기 때문에 '자산'과 '부채'가 반드시 일치한다. 그러나 이 재무상태표를 어떤 특정 시점만 잘라내서 읽으면 '부채'가 더 커진다. 보험료를 내지 않고 보험금을 받은 사람이 존재하기 때문이다.

한국의 공적 연금 제도는 시간이 지남에 따라 보험료와 연금이 일치하게 되어 부족분이 해소되는 시스템이다. 그러므로 현재 부족액이 크다고 해서 불안하게 생각할 필요는 없다. 부족액이 늘어나는 경우는 문제이지만, 조금씩이라도 부족액이 감소하고 있다면 문제는 없다. 시간이 해결해줄 것이다.

금액의 문제가 아니라 균형, 즉 부족액이 증가하고 있느냐 감소하고 있느냐가 중요하다. 논의의 포인트는 부족액을 줄이는 속도에 관한 제도 개정이다. 연금 지급액을 억제하거나 보험료율을 인상하면 부족액이 감소하는 속도는 빨라지는데, 그것에 찬성하는지 반대하는지가 무엇보다 중요하다. 잊어서는 안 될 점은, 공적 연금은 '최소한'의 보장이라는 것이다. '연금이 이런 금액이어서는 살 수가 없어' 같은 개인적인 사정은 상관이 없다. 부담액에 따라 지급액이 결정된다. 낮은 부담액과 낮은 지급액이 균형을 이루고 있다면 연금 제도는 그리 쉽게 파탄이 나지는 않는다.

+× 수학을 무기로 만드는 비법 √÷

• 논리적으로 표현하기 위해서는 수량적으로 생각하라.

• 예측한다는 것은 확률의 숫자를 객관적이며 공정하게 생각하는 것이다.

• 단어를 정확하게 정의하지 못하면 논의할 수도 예측할 수도 없다.

• 관심이 가는 뉴스가 있으면 1차 데이터를 확인하라.

　　　　　　　　　　　　　수학은 어떻게 무기가 되는가

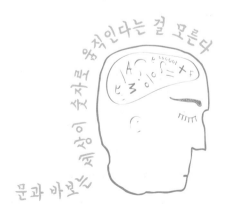

문과 바보는 세상이 숫자로 움직인다는 걸 모른다

옮긴이 김정환

건국대학교 토목공학과를 졸업하고 일본외국어전문학교 일한통번역과를 수료했다. 21세기가 시작되던 해에 우연히 서점에서 발견한 책 한 권에 흥미를 느끼고 번역의 세계에 발을 들여, 현재 번역 에이전시 엔터스코리아 출판기획 및 일본어 전문 번역가로 활동하고 있다.

경력이 쌓일수록 번역의 오묘함과 어려움을 느끼면서 항상 다음 책에서는 더 나은 번역, 자신에게 부끄럽지 않은 번역을 할 수 있도록 노력 중이다. 공대 출신의 번역가로서 공대의 특징인 논리성을 살리면서 번역에 필요한 문과의 감성을 접목하는 것이 목표다. 야구를 좋아해 한때 imbcsports.com에서 일본 야구 칼럼을 연재하기도 했다. 옮긴 책으로는 《경영전략 논쟁사》《구글을 움직이는 10가지 황금률》《1퍼센트 부자의 법칙》《이익을 내는 사장들의 12가지 특징》《경영 전략의 역사》《일을 잘 맡긴다는 것》 등이 있다.

수학은 어떻게 무기가 되는가

초판 1쇄 발행 2020년 6월 23일
초판 5쇄 발행 2022년 6월 17일

지은이 다카하시 요이치
펴낸이 정덕식, 김재현
펴낸곳 (주)센시오

출판등록 2009년 10월 14일 제300-2009-126호
주소 서울특별시 마포구 성암로 189, 1711호
전화 02-734-0981
팩스 02-333-0081
전자우편 sensio@sensiobook.com

표지 디자인 섬세한곰 www.bookdesign.xyz

ISBN 979-11-90356-60-2 03410

이 도서의 국립중앙도서관 출판예정도서목록(CIP)은 서지정보유통지원시스템 홈페이지(http://seoji.nl.go.kr)와 국가자료공동목록시스템(http://www.nl.go.kr/kolisnet)에서 이용하실 수 있습니다. (CIP제어번호 : CIP2020021120)

잘못된 책은 구입하신 곳에서 바꾸어드립니다.

소중한 원고를 기다립니다. sensio@sensiobook.com